Inhalt

Leitfaden für den Lehrer

Zielsetzungen der Denksportaufgaben

Vorrangiges Ziel ist, den Schülern dabei zu helfen, die bereits gelernten Rechenoperationen in einer Vielzahl von Situationen anzuwenden. Dieses Programm versucht das durch die Vermittlung von Strategien zu erreichen, mit denen Schüler an verschiedenste Aufgaben mit mehr Logik und Systematik herangehen können.

Spezifische Ziele des Programms sind die Förderung:

- der Bereitschaft sich Mathematikaufgaben zu stellen und beharrlich an ihrer Lösung zu arbeiten;
- des Vertrauens auf die eigenen Fähigkeiten zur Aufgabenlösung;
- des Überblicks über Aufgabenlösungsstrategien;
- des Bewusstseins, welchen Nutzen es hat an Mathematikaufgaben systematisch heranzugehen;
- der Fähigkeit angemessene Lösungsstrategien auszuwählen;
- der Fähigkeit Lösungsstrategien richtig anzuwenden;
- der Fähigkeit die eigenen Denkvorgänge bei der Aufgabenlösung zu überwachen und zu beurteilen.

Arten der Aufgaben

Drei Arten von mathematischen Aufgaben sind zu unterscheiden:

1. Einfache Übertragungsaufgaben

Das sind die bekannten Textaufgaben, die man in Mathematikschulbüchern findet. Dabei muss der Schüler nur die richtige Rechenoperation auswählen. Für die Lösung einer solchen Aufgabe muss der Text in eine einzige Rechnung übertragen werden und **eine** passende Rechenoperation ausgewählt werden (Addition, Subtraktion, Multiplikation oder Division).

Zum Beispiel:

> Ein Bauer hat fünf Reihen von Apfelbäumen in seinem Garten. In jeder Reihe stehen gleich viele Bäume.
> Insgesamt hat er 45 Apfelbäume.
> **Wie viele Bäume stehen in jeder Reihe?**

2. Komplexe Übertragungsaufgaben

Sie ähneln einfachen Übertragungsaufgaben, aber benötigen mindestens zwei Schritte für die Lösung. Bei dieser Art der Aufgabe muss der Schüler **mehr als eine** Rechenoperation auswählen.

Zum Beispiel:

> Ein Dreieck hat 30 cm Umfang.
> Jede der beiden gleich langen Seiten des Dreiecks ist 9 cm lang.
> **Wie lang ist die dritte Seite?**

3. Prozessaufgaben

Prozessaufgaben können nicht durch simples Addieren, Subtrahieren, Multiplizieren oder Dividieren gelöst werden, stattdessen benötigt man für ihre Lösung bestimmte **spezifische Strategien**. Weil Prozessaufgaben nicht einfach durch das Auswählen einer oder mehrerer Rechenoperationen gelöst werden können, sind sie ein Beispiel für die Notwendigkeit, die mit der Aufgabenlösung zusammenhängenden **Denkprozesse** anzuwenden.

Zum Beispiel:

> Um 12 Uhr zeigen zwei Uhren die richtige Zeit an. Beide Uhren gehen richtig, aber der Stundenzeiger der zweiten Uhr wandert im Gegenuhrzeigersinn um das Zifferblatt. Daher zeigt die erste Uhr um 1 Uhr auch wirklich 1 Uhr an, während die zweite Uhr 11 Uhr anzeigt.
> **Wann werden beide Uhren das nächste Mal die Zeit richtig anzeigen?**

Diese Aufgabe kann mit der spezifischen Strategie **„Erstelle eine Tabelle"** gelöst werden:

1. Uhr	12	1	2	3	4	5	6
2. Uhr	12	11	10	9	8	7	6

Beide Uhren werden das nächste Mal um 6 Uhr die richtige Zeit anzeigen.

Im gesamten Programm werden Prozessaufgaben verwendet, da sie beim Schüler logisches Denken, systematisches Vorgehen und die Entwicklung von Strategien fördern, mit denen sie ihre rechnerischen Fertigkeiten mit mehr Erfolg in einer Vielzahl verschiedener Situationen einsetzen können.

Organisation des Programms

Das Programm umfasst jeweils 18 Lektionen zur Aufgabenlösung für 3. und 4. Klassen und jeweils 20 Lektionen zur Aufgabenlösung für 5. und 6. Klassen.

- Jede Lektion befasst sich mit 2 Aufgaben auf separaten Blättern (**a** und **b**).
- Für jede Aufgabe gibt es ein Schüler-Arbeitsblatt, auf dessen Inhalt sich das zugeordnete Lehrerblatt bezieht.
- Eine spezifische Strategie wird nur bei den 5. und 6. Klassen angewendet.
- Das Programm für jede Jahrgangsstufe ist in 3 Abschnitte eingeteilt.
- Es wird empfohlen, die Lektionen eines Abschnitts als Block, in Form von einer Lektion pro Woche, zu unterrichten.
- Die Lektionen sind folgendermaßen aufgebaut: In beispielsweise Lektion 1 wird eine neue Strategie eingeführt und bei 2 Aufgaben angewandt; für die Lösung der beiden Aufgaben in Lektion 2 ist dieselbe Strategie anzuwenden. Die Lektionen der Abschnitte 1 und 2 folgen diesem Schema, während in Abschnitt 3 von den Schülern verlangt wird, die am besten geeignete Lösungsstrategie für jede Aufgabe selbst auszuwählen.
- In einigen Lektionen hilft ein **Tipp** den Schülern die passenden Lösungsstrategie für die jeweilige Aufgabe zu finden.

Strategien zur Aufgabenlösung

Zwei Arten von Lösungsstrategien sind zu unterscheiden, beide sind gleich wichtig:

1. Die Grundstrategie

Sie liefert einen strukturierten Gesamtplan für die Bearbeitung einer Aufgabe.

2. Spezifische Strategien

Sie sind spezifisch für die Lösung bestimmter Aufgabenarten.

Diese Strategien werden auf den folgenden Seiten erläutert.

Die Grundstrategie zur Aufgabenlösung

Eine Schritt-für-Schritt-Methode

Die Grundstrategie ist eine strukturierte Schritt-für-Schritt-Methode zur Lösung einer Aufgabe. Sie stellt sicher, dass keine wichtige Information vergessen und kein Teil des Lösungswegs übersehen wird. Diese strategischen Schritte bieten den Kindern eine systematische Methode, die sie bei allen Aufgabenarten einsetzen können.

Verstehe die Aufgabe
↓
Plane eine Lösung
↓
Löse die Aufgabe
↓
Überprüfe deine Lösung

Diese Grundstrategie, die von den Schülern im Rahmen dieses Programms angewandt werden soll, wird von nun an einfach als „Aufgabenlösungsplan" bezeichnet, dieser wird auf der nächsten Seite gezeigt.

Spezifische Hinweise

Der *Aufgabenlösungsplan* liefert den Schülern spezifische Hinweise für jeden der obigen Lösungsschritte um ihr Denken systematisch anzuleiten. Beispielsweise gibt es folgende *Hinweise für den Schritt* „Verstehe die Aufgabe":

Verstehe die Aufgabe

- **Lies die Aufgabe sorgfältig durch.**
- **Welche Informationen bekommst du?**
- **Welche Informationen brauchst du?**
- **Welche Einschränkungen gibt es?**
- **Wonach suchst du?**

Schriftliche Aufzeichnung der Schüler

Weitere Hinweise im Aufgabenlösungsplan regen die Schüler dazu an, eine genaue und systematische Aufzeichnung ihres Lösungswegs durchzuführen. Beispielsweise gibt es folgende Hinweise für den Schritt „Verstehe die Aufgabe":

***Schreibe** dir auf:*

- **Die Informationen, die du brauchst.**
- **Die Einschränkungen in der Aufgabe.**
- **Wonach du suchst.**

Jeder Schüler sollte eine Kopie des Aufgabenlösungsplans erhalten und jeder sollte ihn während der Lektionen dieses Programms zur Hand haben um ihn nach Bedarf für die Bearbeitung der Schülerarbeitsblätter heranziehen zu können.

Der Aufgabenlösungsplan

Denken und Tun	Schreiben und Zeichnen
Verstehe die Aufgabe • **Lies die Aufgabe sorgfältig durch.** • **Welche Informationen bekommst du?** • **Welche Informationen brauchst du?** • **Welche Einschränkungen gibt es?** • **Wonach suchst du?**	**Schreibe** dir auf • **Lies die Aufgabe sorgfältig durch.** • **Die Informationen, die du brauchst.** • **Die Einschränkungen in der Aufgabe.** • **Wonach du suchst.**

Plane die Lösung
• **Lies die Aufgabe sorgfältig durch.**
  • Welche Strategie hilft dir?
  • Versuche und verbessere.
  • Zeichne ein Bild/Fertige ein Modell an.
  • Mache eine geordnete Aufstellung.
  • Erstelle eine Tabelle.
  • Suche ein Muster.
  • Denke logisch.
  • Rechne rückwärts.
• **Was schreibst du auf?**
	Nenne die Strategie, die du gewählt hast.
	• **Fange an, deinen Lösungsweg aufzuschreiben. Du könntest**
	  • ein Bild oder ein Diagramm zeichnen;
	  • eine Tabelle erstellen;
	  • mit einer geordneten Aufstellung beginnen;
	  • dir Notizen machen.

Löse die Aufgabe
• **Lies die Aufgabe sorgfältig durch.**
• **Verwende deinen Plan für die Lösung.**
• **Arbeite systematisch.**
• **Schreibe genau auf, was du gemacht hast.**
	• **Schreibe alle deine Arbeitsschritte sorgfältig und genau auf. Dazu könnte Folgendes gehören:**
	  • Tabellen;
	  • Aufstellungen;
	  • Diagramme/Bilder;
	  • Notizen.

Überprüfe deine Lösung • **Hast du alle Informationen verwendet?** • **Hast du an die Einschränkungen gedacht?** • **Ergibt dein Ergebnis einen Sinn?** • **Gibt es nur *ein* Ergebnis?**	• **Schreibe einen Satz, der die Frage in deiner Aufgabe beantwortet.**

Spezifische Strategien

Spezifische Strategien für die jeweiligen Jahrgangsstufen

Die folgenden spezifischen Strategien werden den Schülern in diesem Programm vermittelt:

3. und 4. Klassen	5. und 6. Klassen
Versuche und verbessere	**Versuche und verbessere**
Zeichne ein Bild/Fertige ein Modell an	**Zeichne ein Bild/Fertige ein Modell an**
Mache eine geordnete Aufstellung	**Mache eine geordnete Aufstellung**
Erstelle eine Tabelle	**Erstelle eine Tabelle**
Suche ein Muster	**Suche ein Muster**
Denke logisch	**Denke logisch**
	Rechne rückwärts?

Versuche und verbessere

Das ist wahrscheinlich die einfachste und natürlichste Lösungsstrategie, die vom Ergebnis jeder begründeten Lösungsvermutung Gebrauch macht um von einem ungefähren Anfangsresultat systematisch zur exakten Lösung zu gelangen.

Mache einen Versuch	• **Beginne mit einer begründeten Vermutung über die Lösung.**
Überprüfe den Versuch	• **Vergleiche deine Vermutung mit den Angaben.**
Verbessere den Versuch	• **Verwende das Ergebnis deines Vergleichs für eine „bessere" Vermutung.**
Fahre fort	• **Gehe weiter so vor, bis du die korrekte Lösung gefunden hast. Rechne rückwärts?**

Es muss hier betont werden, dass die Strategie „Versuche und verbessere" nicht zu planlosem Herumraten verleiten will. Es geht dabei eher um einen Fortschritt durch vernünftige Lösungsvermutungen, die durch eine dauernde Analyse der Ergebnisse allmählich verbessert werden. Diese Vorgehensweise soll anhand ihrer Anwendung bei einer konkreten Aufgabe näher erläutert werden:

> Beim Addieren zweier Zahlen kommt 25 heraus; beim Multiplizieren der gleichen Zahlen erhält man 114.
> **Welche Zahlen sind es?**

Bei der Anwendung der Strategie „Versuche und verbessere" sieht die typische Vorgehensweise für diese Aufgabe so aus:

Versuch	Produkt	Anmerkung
11 mal 14	154	Ergebnis ist zu hoch; 12 und 13 ausprobieren.
12 mal 13	156	Ergebnis ist noch höher; 9 mal 16 ausprobieren.
9 mal 16	144	Besser; eine Zahl einsetzen, die niedriger ist als 9.
6 mal 19	114	Richtig: es sind die Zahlen 6 und 19.

Daraus lässt sich ersehen, dass **planvolles** Versuchen und Verbessern eine sinnvolle Lösungsstrategie ist, weil sie analytisches Denken fördert und jeden Schüler vom möglicherweise gefühlten Erwartungsdruck, sofort die richtige Lösung finden zu müssen, entlastet.

Ein Bild zeichnen/Ein Modell anfertigen

Bei dieser Strategie kommen Zeichnungen oder materielle Gegenstände zum Einsatz.
Die folgende Aufgabe könnte entweder mit einer Zeichnung auf kariertem Papier oder mit einem Modell aus aneinander gereihten Würfeln gelöst werden.

Paul und Robert sollen einen 10 Meter langen Holzbalken in 10 gleiche Teile zersägen.
Wenn sie für einen Schnitt 1 Minute benötigen, wie lange brauchen sie dann für die ganze Arbeit?

Das folgende Bild/Modell hilft bei der Lösung:

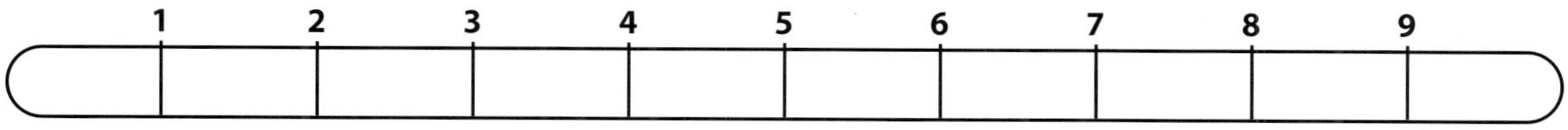

Das Bild/Modell zeigt deutlich, dass nur 9 Schnitte zu machen sind. Daher braucht man 9 Minuten um den 10 Meter langen Holzbalken in 10 gleiche Teile zu zerschneiden.

In einigen Fällen, etwa beim folgenden Beispiel, ist das Zeichnen eines Diagramms notwendig:

Sarah lässt einen Tennisball von einem Balkon fallen, der in 16 Metern Höhe angebracht ist.
Nach dem Aufprall am Boden springt der Ball immer halb so hoch, wie er vorher gefallen ist.
Sarahs Bruder fängt den Ball beim Hochspringen genau in 1 Meter Höhe ab.
Wie oft ist der Ball bis dahin auf dem Boden aufgeprallt?

Das folgende Schaubild stellt die Lösung der Aufgabe bildlich dar:

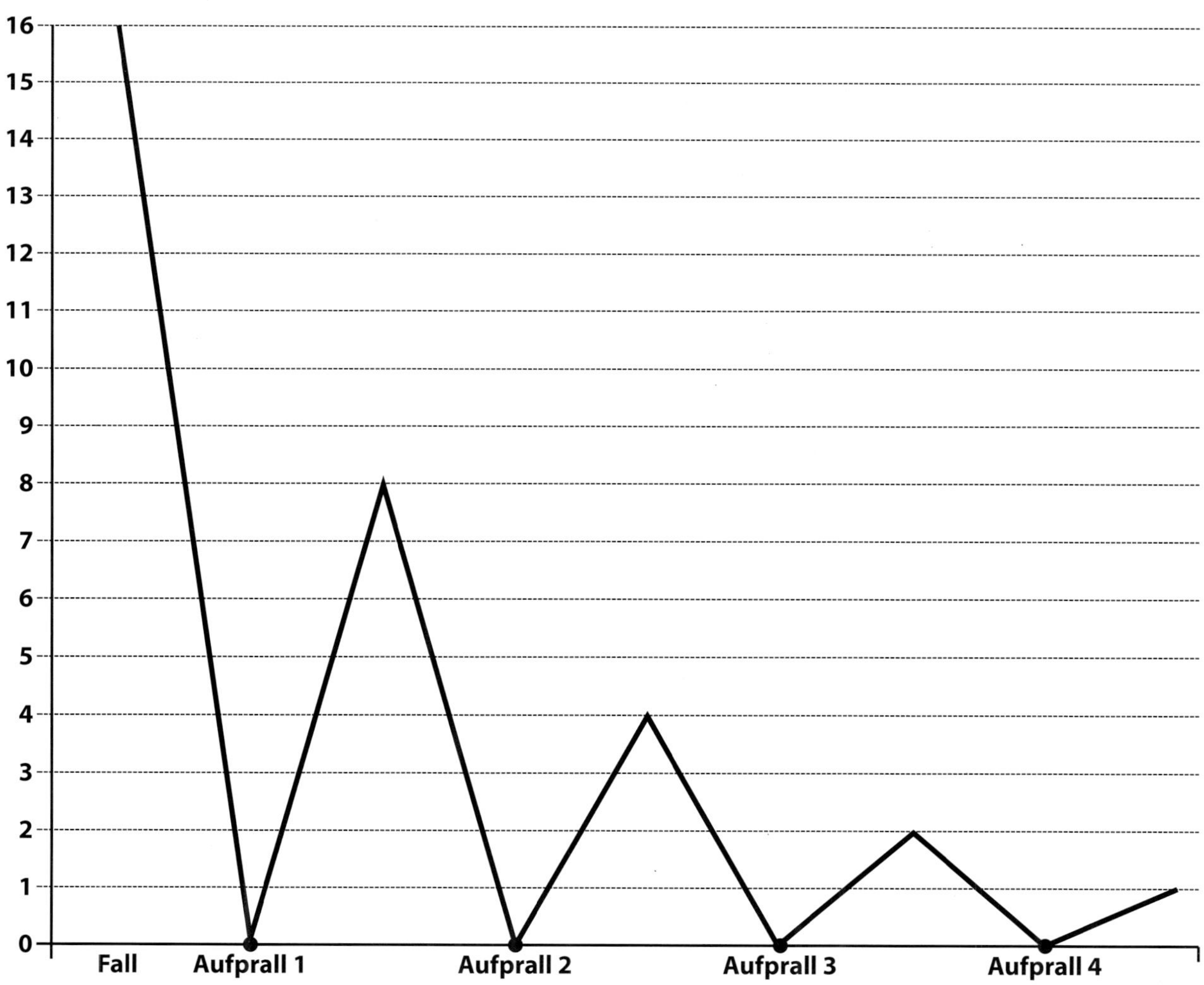

Das Schaubild zeigt, dass der Ball von Sarahs Bruder nach dem vierten Aufprall abgefangen wird

Mache eine geordnete Aufstellung

Bei diesem Verfahren wird eine geordnete Aufstellung angelegt, die alle Möglichkeiten einer gegebenen Situation beinhaltet und die Permutationen und Kombinationen erlaubt.
Die folgende Aufgabe zeigt, warum diese Strategie nötig ist:

Tom möchte 2 Kugeln Eiscreme kaufen.
Beim Eismann gibt es folgende Sorten: Vanille, Erdbeere und Schokolade.
Wie viele verschiedene Auswahlmöglichkeiten gibt es für Tom bei zwei Kugeln?

Durch eine geordnete Aufstellung, in der wir die verschiedenen Kombinationsmöglichkeiten mit jeder Sorte Eiscreme aufzählen, gelangen wir zur Lösung dieser Aufgabe:

Vanille – Vanille
Vanille – Erdbeere
Vanille - Schokolade

Erdbeere – Erdbeere
Erdbeere – Schokolade

Schokolade – Schokolade

Es gibt für Tom 6 verschiedene Auswahlmöglichkeiten.

Erstelle eine Tabelle

Das ist eine Strategie, mit deren Hilfe sich die Informationen, die im Wortlaut einer Aufgabe gegeben werden, in einer Tabelle zusammenstellen lassen. Die Einträge in die Tabelle können dann zur Lösung herangezogen werden, wie im folgenden Beispiel:

Anja spart jeden Tag 5 ct, 10 ct und 50 ct, bis sie einen glatten Euro-Betrag beisammen hat.
Wie viele Tage braucht sie dazu und welche Summe hat sie dann angespart?

Eine Tabelle liefert die Lösung der Aufgabe:

Tag	1	2	3	4	5	6	7	8	9	10
gespart	65 ct	65 ct	65 ct	65 ct	65 ct	65 ct	65 ct	65 ct	65 ct	65 ct
Gesamtbetrag	0,65 €	1,30 €	1,95 €	2,60 €	3,25 €	3,90 €	4,55 €	5,20 €	5,85 €	6,50 €

Tag	11	12	13	14	15	16	17	18	19	20
gespart	65 ct	65 ct	65 ct	65 ct	65 ct	65 ct	65 ct	65 ct	65 ct	65 ct
Gesamtbetrag	7,15 €	7,80 €	8,45 €	9,10 €	9,75 €	10,40 €	11,05 €	11,70 €	12,35 €	13,00 €

Anja braucht 20 Tage, bis sie einen glatten Euro-Betrag beisammen hat. Dann hat sie 13 € angespart.

Suche ein Muster

Bei dieser Strategie soll ein Muster erkannt und analysiert werden um die nächstfolgenden Werte in einer Zahlenreihe zu ermitteln, was dann zur Lösung führt. Ein Rechenmuster wird am besten durch die Aufreihung aufeinander folgender Werte in einer Tabelle ermittelt und analysiert, weil dadurch das System der Zahlenfolge sichtbar gemacht wird:

Beim Sportfest werden 24 Liter Orangensaft getrunken.
Wie viele Kinder bekommen Orangensaft, wenn die Lehrer jeweils 2 Liter an 5 Kinder ausschenken?

getrunkener Orangensaft in Litern	2	4	6	8	10	12	14	16	18	20	22	24
Anzahl der Kinder	5	10	15	20	25	30	35	40	45	50	55	60

Muster Jedes Mal, wenn die Saftmenge um 2 Liter steigt, erhöht sich die Zahl der Kinder um 5.
60 Kinder bekommen Orangensaft.

Denke logisch

Bei dieser Strategie werden durch eine Tabelle so lange Möglichkeiten eliminiert, bis sich die Lösung herauskristallisiert. Das folgende Beispiel illustriert die Anwendung dieser Strategie:

4 Mädchen aus Bayern treffen sich in den Ferien an der Nordsee.
Sie heißen Gabi, Evi, Marion und Hanna.
Sie kommen aus Regensburg, Bamberg, Augsburg und Nürnberg.
Hanna ist aus Regensburg und Evi ist nicht aus Bamberg.
Wenn Marion aus Augsburg kommt, aus welcher Stadt muss dann Gabi sein?

- Wir wissen, dass Hanna aus Regensburg ist. Man beachte, dass eine positive Aussage 6 negative Aussagen zur Folge hat.

	Regensburg	**Bamberg**	**Augsburg**	**Nürnberg**
Gabi	**nein**			
Evi	**nein**			
Marion	**nein**			
Hanna	**ja**	**nein**	**nein**	**nein**

- Wir wissen, dass Marion aus Augsburg kommt.

	Regensburg	**Bamberg**	**Augsburg**	**Nürnberg**
Gabi	nein		**nein**	
Evi	nein		**nein**	
Marion	nein	**nein**	**ja**	**nein**
Hanna	ja	nein	nein	nein

- Es bleiben nur noch Bamberg und Nürnberg übrig; wenn Evi nicht aus Bamberg kommt, muss sie aus Nürnberg sein.

	Regensburg	**Bamberg**	**Augsburg**	**Nürnberg**
Gabi	nein	**ja**	nein	**nein**
Evi	nein	**nein**	nein	**ja**
Marion	nein	nein	ja	nein
Hanna	ja	nein	nein	nein

Gabi muss aus Bamberg sein.

Rechne rückwärts (nur für die Jahrgangsstufen 5 und 6)

Bestimmte Aufgaben, bei denen der Ausgangswert erst nach einigen Aussagen angegeben wird, können sehr leicht gelöst werden, indem man schrittweise rückwärts rechnet. Wir fangen von hinten an, weil dort die konkrete Information zu finden ist. Bei diesem Verfahren beginnen wir mit dem Endresultat und suchen eine Folge von Lösungsschritten, die die Lösung ergeben, wenn wir sie umgekehrt ausführen. Ein solches Verfahren nutzt, wie man sieht, die Umkehrgesetze der Arithmetik und schafft eine ideale Situation um das Wissen über Addition und Subtraktion oder Multiplikation und Division als Umkehrrechenarten anzuwenden.
Am besten lässt sich diese Strategie anhand ihrer Anwendung bei der folgenden Aufgabe erklären:

Paul kauft sich ein Buch für 5 € ; für die Hälfte seines restlichen Geldes kauft er Turnschuhe.
Dann kauft er sich für 2 € etwas zum Essen; und gibt schließlich die Hälfte des übrig gebliebenen Geldes für ein Computerspiel aus. Insgesamt bleiben ihm 10 € übrig.
Wie viel Geld hatte er anfangs?

Die Lösungsschritte für diese Aufgabe sehen so aus:

1. Fange mit der Summe an, die ihm übrig bleibt.	10 €	10 €
2. Mit 2 multiplizieren, um die Hälfte des Betrags aufzurechnen, den er für das Computerspiel ausgibt.	10 € × 2	= 20 €
3. 2 € für sein Essen addieren.	20 € + 2 €	= 22 €
4. Mit 2 multiplizieren um den für die Turnschuhe ausgegebenen Betrag aufzurechnen.	22 € × 2	= 44 €
5. 5 € für das Buch addieren.	44 € + 5 €	= 49 €

Paul hatte also anfangs 49 €.

► Beachten Sie:
Denksportaufgaben aus dem Alltag. Mathe aktiv für die 5./6. Jahrgangsstufe: ISBN 3-403-04096-8.

Vermittlung des Aufgabenlösungsplans

Anmerkungen zum Unterricht

Ausführliche Anmerkungen finden Sie auf den Lehrerblättern, die für jedes Stadium des Lösungsvorgangs Vorschläge enthalten.

Stadium	Die Rolle des Lehrers
Verstehen **der Aufgabe**	**Um zu zeigen, wie wichtig es ist, eine Aufgabe genau zu lesen:** • lesen Sie der Klasse die Aufgabe vor oder lassen Sie einen Schüler vorlesen; • besprechen Sie Wörter oder Sätze, die vielleicht für die Schüler unverständlich sind. **Um die Aufmerksamkeit auf wichtige Fakten und Einschränkungen, die in der Aufgabe gegeben sind, zu lenken und Teile der Aufgabe zu klären**: • besprechen Sie mit der ganzen Klasse, wie die Aufgabe zu verstehen ist; • fördern Sie das Verständnis der Schüler durch gezielte Fragen. **Um Überlegungen über mögliche Lösungswege anzuregen:** • fordern Sie die Schüler zu Lösungsvorschlägen auf.
Planen **einer Lösung** **und** **Lösen** **der Aufgabe**	**Um sich ein Bild von den Stärken und Schwächen der Schüler beim Aufgabenlösen zu machen:** • beobachten Sie die Schüler und stellen Sie Fragen zu ihrer Arbeit. **Um Schülern, die nicht weiter wissen, Hilfestellung zu leisten:** • geben Sie ihnen die Hinweise, die Sie im entsprechenden Lehrerblatt finden. **Um die Einsicht, dass eine Überprüfung der eigenen Ergebnisse sinnvoll ist, zu fördern:** • lassen Sie die Schüler, die zu einer Lösung gelangt sind, diese im Vergleich mit dem Aufgabentext überprüfen; weisen Sie dabei auf den Aufgabenlösungsplan hin. **Um alle Schüler ausreichend mit Aufgaben zu beschäftigen:** • lassen Sie die Schüler eine oder beide der Zusatzaufgaben lösen.
Überprüfen **der Lösungen**	**Um verschiedene Lösungswege vorzustellen:** • fordern Sie die Schüler auf, ihre Lösungen zu zeigen und zu besprechen und die Lösungsstrategien zu nennen, die sie eingesetzt haben. **Um zu zeigen, wie spezielle Aspekte einer Aufgabe den Denkprozess beeinflussen können:** • diskutieren Sie mit den Schülern darüber, wenn Sie solche Aspekte erkennen.

Einer der Schlüsselfaktoren bei der erfolgreichen Steuerung der Lösungsaktivitäten der Schüler ist, die richtige Frage zur richtigen Zeit zu stellen. Die Lektionen beinhalten Fragen und Hinweise zu jedem Stadium jeder einzelnen Aufgabe.

Bei Schülern, die nicht mehr weiter wissen, werden Sie durch Beobachtung und Befragung herausfinden, welche Hinweise nützlich sind.

Differenzierung

Es ist möglich, in jedem Stadium des Lösungsprozesses auf die Bedürfnisse der Leistungsstärkeren und Leistungsschwächeren durch gezielte Lehrerhilfen für verschiedene Leistungsgruppen einzugehen. Nachfolgend Vorschläge dazu:

Stadium	Die Rolle des Lehrers
Verstehen der Aufgabe	**Bei leistungsschwächeren Schülern:** • Veranschlagen Sie mehr Zeit für das Verstehen der Aufgabe und das Planen der Lösung. • Bereiten Sie zusätzlich zum Aufgabentext einen Hinweis auf die mögliche Lösungsstrategie vor. • Bieten Sie öfter den Beginn des Lösungswegs an, etwa in Form einer teilweise ausgefüllten Tabelle.
Planen einer Lösung und Lösen der Aufgabe	**Bei leistungsschwächeren Schülern:** • Liefern Sie direkte Hinweise zur Lösungsstrategie. • Beginnen Sie mit den Schülern auf ihrem Arbeitsblatt nach der Strategie vorzugehen. • Gehen Sie später im Schuljahr zu indirekteren Hinweisen über.
Überprüfen der Lösungen	**Bei leistungsstärkeren Schülern:** • Lassen Sie diese Schüler vor der ganzen Klasse ihre Lösungen besprechen und erläutern. • Fordern Sie sie auf zu erörtern, welche relativen Vorzüge die Lösungen der einzelnen Gruppen haben, und die effizienteste Strategie vorzuschlagen.

Aufgabenlösungsprogramm – 3. Jahrgangsstufe

Zielsetzungen für die 3. Jahrgangsstufe

Zahlen und das Zahlensystem

Zählen, Eigenschaften von Zahlen und Zahlenfolgen

• Zahlenfolgen beschreiben und erweitern können: von jeder beliebigen zwei- oder dreistelligen Zahl in Zweierschritten vorwärts und rückwärts weiterzählen und mindestens im Zahlenraum bis 100 gerade und ungerade Zahlen unterscheiden; von einer beliebigen kleinen Zahl in Dreier-, Vierer- oder Fünferschritten mindestens bis 50 und wieder zurückzählen	5a 5b 6a 6b 7a 7b 8a 8b 14a

Stellenwert und Einordnung

• Begriffe des Vergleichens und Einordnens von Zahlen, einschließlich Ordnungszahlen bis mindestens 100, lesen und allmählich schreiben.	18b

Rechnen

Addition und Subtraktion verstehen

• Zum Verständnis gelangen, dass mehr als zwei Zahlen addiert werden können; drei oder vier einstellige Zahlen im Kopf addieren oder drei oder vier zweistellige Zahlen mit Hilfe eines Taschenrechners oder schriftlich addieren	16b 3a

Strategien für das Kopfrechnen (+ und –)

• Das Wissen anwenden, dass Additionen in beliebiger Reihenfolge durchgeführt werden können, um mit Rechenvorteil zu rechnen. Zum Beispiel: mit der größeren Zahl anfangen und dazurechnen; drei oder vier kleine Zahlen addieren, indem man mit der größten Zahl anfängt und/oder Zahlen paarweise zu 9, 10 oder 11 zusammenfasst.	3b 4a 4b 13b 16b

Aufgaben lösen

Entscheidungen treffen

• Geeignete Rechenoperationen (einschließlich Multiplikation und Division) zum Lösen von Textaufgaben auswählen und anwenden sowie passende Rechenmethoden, wie Kopfrechnen, Kopfrechnen mit schriftlichen Notizen oder schriftliches Rechnen, benutzen.	3a 3b 4a 4b 17b

Anhand von Zahlen oder Formen folgern

• Rechen- oder Denkaufgaben lösen; einfache Muster und Beziehungen erkennen, verallgemeinern und voraussagen. Erweiterungen mit der Frage: „Was wäre, wenn…?" vorschlagen.	1a 1b 2a 2b 5a 5b 6a 6b 7a 7b 8a 8b 9a 9b 10a 10b 11a 11b 12a 12b 13a 14a 14b 15a 15b 16a 17a 18a 18b
• Eine allgemeine Aussage über bekannte Zahlen oder Formen durch Finden von Beispielen, die diese erfüllen, untersuchen.	9a 9b 10a 10b 11a 11b 12a 12b 13a 15b 16a 17a 18a 18b
• Methoden und Schlussfolgerungen mündlich und, wenn es angemessen ist, auch schriftlich erklären.	1a 1b 2a 2b 3a 3b 4a 4b 5a 5b 6a 6b 7a 7b 8a 8b 9a 9b 10a 10b 11a 11b 12a 12b 13a 14a 14b 15a 15b 16a 17a 18a 18b

Aufgaben mit „echtem" Geld und „echten" Maßen

• Textaufgaben, in denen Geldbeträge oder Maße vorkommen, mit einem oder mehreren Lösungsschritten lösen, dabei Endsummen ermitteln, Wechselgeld geben und erarbeiten mit welchen Münzen zu bezahlen ist. Erklären, wie die Aufgabe gelöst wurde.	13b 16b

Mit Daten umgehen

Daten ordnen und nutzen

• Eine gestellte Aufgabe durch das Ordnen und Interpretieren numerischer Daten in einfachen Listen, Tabellen und Schaubildern lösen, z. B. einfache Häufigkeitstabellen; Piktogramme mit Symbolen, die zwei Einheiten repräsentieren; Säulendiagramme, die in Einer- und dann Zweierschritten beschriftet werden; Venn- und Carroll-Diagramme (ein Kriterium)	1a 1b 2a 2b 13a 16a 17a

Zielsetzungen für die 3. Jahrgangsstufe

Maße, Form und Raum

Maße

• Das Vokabular, das sich auf Länge, Masse und Rauminhalt bezieht, lesen und schreiben lernen. Mit den Standardeinheiten (km, m, cm, kg, g, l, ml) messen und sie vergleichen, dabei mit dem Lineal halbzentimetergenau Linien zeichnen und messen. Das Verhältnis von Kilometern und Metern, Metern und Zentimetern, Kilogramm und Gramm und Litern und Millilitern kennen. Für die Angabe von Metern und Zentimetern Dezimalzahlen verwenden lernen.	9b 10b 11a 12b

Form und Raum

• Formen und Muster zeichnen und beschreiben: z. B. untersuchen, welche verschiedenen Formen aus vier Würfeln gebildet werden. Räumliche Körper ihren bildlichen Darstellungen zuordnen.	14b
• Das Vokabular, das sich auf Position, Richtung und Bewegung bezieht, lesen und schreiben lernen: z. B. die Position eines Quadrats innerhalb eines Rasters aus Quadraten mit beschrifteten Zeilen und Spalten finden und beschreiben.	11b 15a 18a

Fußballdresse

Lehrerblatt **3. Klasse: 1a**

Die Fußballmannschaft der Schule hat Trikots in 3 Farben: rot, blau und gelb. Die Fußballshorts gibt es in 2 Farben: blau und rot. Der Sportlehrer erklärt, dass die Spieler also in 6 verschiedenen Dressen spielen können.
Kannst du die 6 Dresse farbig anmalen?

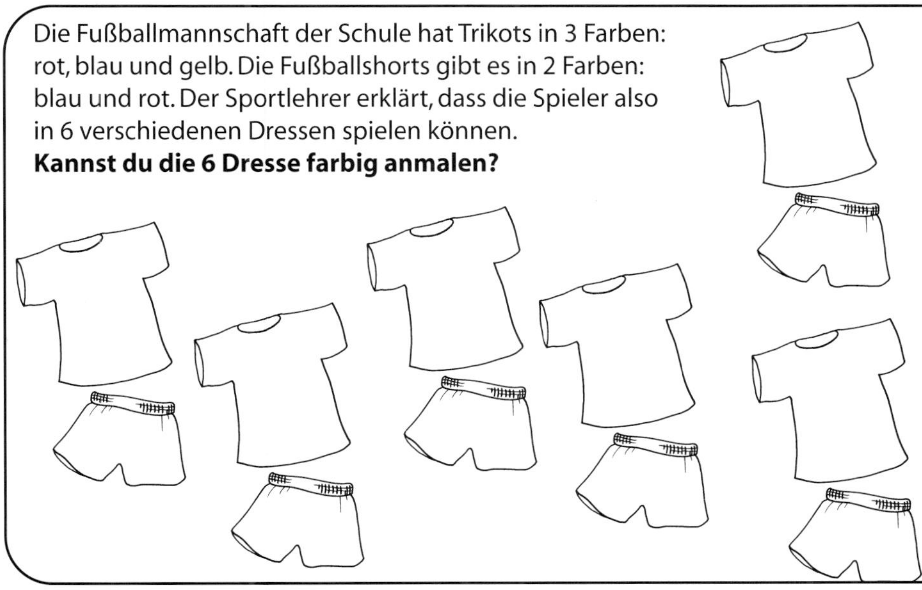

Verstehe die Aufgabe

- **In wie vielen Farben gibt es die Fußballtrikots?** *(3)*
  Welche Farben sind es? *(rot, blau, gelb)*
- **In wie vielen Farben gibt es die Fußballshorts?** *(2)*
  Welche Farben sind es? *(blau und rot)*
- **In wie vielen verschiedenen Dressen kann die Mannschaft spielen?** *(6)*

Plane die Lösung

- **Stelle dir die Spieler in roten Trikots vor. Welche Farben können die Shorts haben?** *(blau oder rot)*
- **Male oben die 2 verschiedenen Dresse mit roten Trikots aus.**
- **Welche anderen Farben können die Trikots haben?** *(blau oder gelb)*
- **Welche Farben können in diesen beiden Fällen jeweils die Shorts haben?** *(blau oder rot)*
- **Male zuerst die beiden Dresse mit blauen Trikots aus, dann die beiden Dresse mit gelben Trikots.**

Löse die Aufgabe

Mache eine geordnete Aufstellung.

rotes Trikot und blaue Shorts	rotes Trikot und rote Shorts
blaues Trikot und blaue Shorts	blaues Trikot und rote Shorts
gelbes Trikot und blaue Shorts	gelbes Trikot und rote Shorts

Zusatzaufgabe

- Der Elternbeirat besorgt für die Mannschaft auch gelbe Shorts.
- **Zeichne die zusätzlichen Dresse und male sie an.**
- **Wie viele Dresse mehr hat die Mannschaft nun zur Verfügung**

Die Mannschaft hat nun 3 Dresse mehr zur Verfügung; also sind es insgesamt 9 Dresse.

rotes Trikot und gelbe Short
blaues Trikot und gelbe Shorts
gelbes Trikot und gelbe Shorts

Fußballdresse

Arbeitsblatt **3. Klasse: 1a**

Die Fußballmannschaft der Schule hat Trikots in 3 Farben: rot, blau und gelb. Die Fußballshorts gibt es in 2 Farben: blau und rot. Der Sportlehrer erklärt, dass die Spieler also in 6 verschiedenen Dressen spielen können.

Kannst du die 6 Dresse farbig anmalen?

Verstehe die Aufgabe

Plane die Lösung

Löse die Aufgabe

Zusatzaufgabe

- Der Elternbeirat besorgt für die Mannschaft auch gelbe Shorts.
- **Zeichne die zusätzlichen Dresse und male sie an.**
- **Wie viele Dresse mehr hat die Mannschaft nun zur Verfügung?**

Gestreifte Trikots Lehrerblatt 3. Klasse: 1b

Die Fußballmannschaft hätte noch gern gestreifte Trikots.
Die Trikots sollen Streifen in 2 verschiedenen Farben haben.
Die Streifen können rot, schwarz, blau oder gelb sein.
Der Lehrer erklärt, dass es insgesamt 6 Möglichkeiten gibt, wie die gestreiften Trikots aussehen könnten.
Kannst du die 6 gestreiften Trikots farbig anmalen?

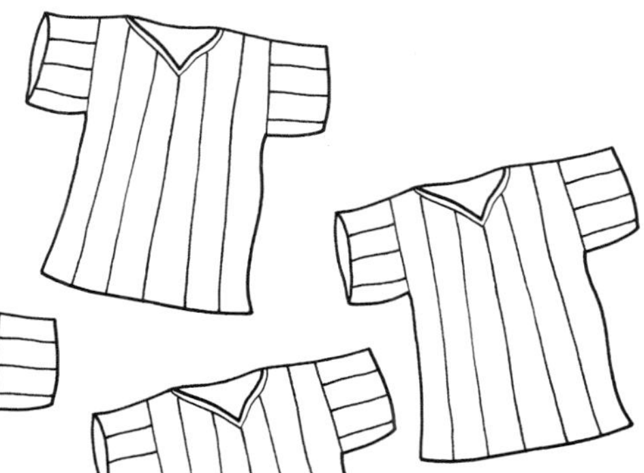

Verstehe die Aufgabe

- **Welche Trikots möchte die Mannschaft noch haben?** *(gestreifte)*
- **Wie viele verschiedene Farben sollen die Streifen auf den Trikots haben?** *(2)*
- **Welche Farben können die Streifen haben?** *(rot, schwarz, blau, gelb)*
- **Wie viele Farbzusammenstellungen gibt es?** *(6)*

Plane die Lösung

	rot	blau	schwarz	gelb
rot	x	✓	✓	✓
blau	=	x	✓	✓
schwarz	=	=	x	✓
gelb	=	=	=	x

✓ **heißt: „Es kann Streifen in diesen beiden Farben geben."**
= **heißt: „Diese beiden Farben zusammen sind schon abgehakt."**
x **heißt: „Es kann keine Streifen mit zweimal derselben Farbe geben."**

Schaue dir die 1. Zeile an: welche Farben kann man mit ROT kombinieren? (blau, schwarz, gelb)
Male die 3 Trikots an, die rote Streifen haben.

Schaue dir die 2. Zeile an: welche Farben kann man mit BLAU kombinieren? (Rot mit blau wurde schon gezählt, also bleiben schwarz und gelb.) **Male noch zwei Trikots mit blauen Streifen farbig an.**

Schaue dir die 3. Zeile an: welche Farben kann man mit SCHWARZ kombinieren? (Rot und blau mit schwarz wurden schon gezählt, also bleibt noch gelb.) **Male noch 1 Trikot mit schwarzen Streifen an.**

Schaue dir die 4. Zeile an: (Gelb wurde schon mit jeder anderen Farbe kombiniert.)

Löse die Aufgabe

Mache eine geordnete Aufstellung.

rot/blau   rot/schwarz   rot/gelb   blau/schwarz   blau/gelb   schwarz/gelb

Zusatzaufgabe

Das Sportgeschäft hat der Schule eben telefonisch Bescheid gesagt, dass die Trikots auch grüne Streifen haben können.
Zeichne und male farbig, wie die Trikots nun zusätzlich noch aussehen können.
Wie viele verschiedene gestreifte Trikots können insgesamt hergestellt werden?

rot/grün   blau/grün   schwarz/grün   gelb/grün

Es gibt 4 weitere Farbzusammenstellungen, insgesamt können 10 verschiedene gestreifte Trikots hergestellt werden.

Gestreifte Trikots

Arbeitsblatt **3. Klasse: 1b**

Die Fußballmannschaft hätte noch gern gestreifte Trikots.
Die Trikots sollen Streifen in 2 verschiedenen Farben haben.
Die Streifen können rot, schwarz, blau oder gelb sein.
Der Lehrer erklärt, dass es insgesamt 6 Möglichkeiten gibt, wie die gestreiften Trikots aussehen könnten.

Kannst du die 6 gestreiften Trikots farbig anmalen?

Verstehe die Aufgabe

Plane die Lösung

Löse die Aufgabe

Zusatzaufgabe

- Das Sportgeschäft hat der Schule eben telefonisch Bescheid gesagt, dass die Trikots auch grüne Streifen haben können.
- **Zeichne und male farbig, wie die Trikots nun zusätzlich noch aussehen können.**
- **Wie viele verschiedene gestreifte Trikots können insgesamt hergestellt werden?**

Mountainbike fahren Lehrerblatt **3. Klasse: 2a**

Michael ist Mitglied im Mountainbike-Club. Er hat 2 Fahrradhelme. Einer ist blau, der andere ist grün. Außerdem hat er 2 Paar Fahrradhandschuhe. Ein Paar ist schwarz, das andere Paar ist rot.

Es gibt 4 mögliche Kombinationen von Helm und Handschuhen.

Kannst du die Helme und Handschuhe so anmalen, dass man die 4 Möglichkeiten erkennen kann?

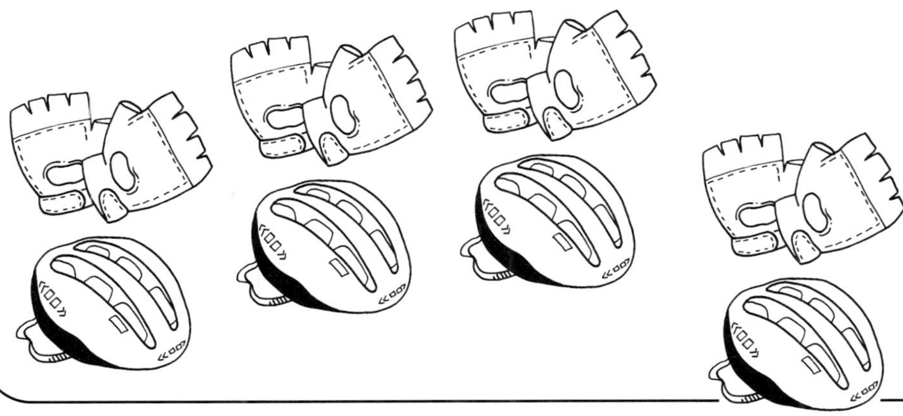

Verstehe die Aufgabe

- **Welches Hobby hat Michael?** *(Mountainbike fahren)*
- **Wie viele Helme hat er?** *(2)*
  Welche Farben haben sie? *(blau und grün)*
- **Wie viele Handschuhpaare hat er?** *(2)*
  Welche Farben haben sie? *(schwarz und rot)*
- **Kann Michael zwei Helme zur gleichen Zeit tragen?** *(nein)*
- **Wie viele mögliche Kombinationen von Helm und Handschuhen gibt es?** *(4)*

Plane die Lösung

- **Stelle dir Michael mit einem blauen Helm vor. Welche Farben könnten dann seine Handschuhe haben?** *(schwarz oder rot)*
  Suche dir eine der Handschuhfarben aus und male auf deinem Arbeitsblatt eine der möglichen Kombinationen farbig an.
- **Ein blauer Helm und schwarze Handschuhe sind eine Möglichkeit. Wie sieht die andere Möglichkeit aus?**
- **Kannst du die restlichen 3 Möglichkeiten farbig darstellen?**

Löse die Aufgabe

Mache eine geordnete Aufstellung.

blauer Helm und schwarze Handschuhe	*grüner Helm und schwarze Handschuhe*
blauer Helm und rote Handschuhe	*grüner Helm und rote Handschuhe*

Zusatzaufgabe

Michael bekommt zum Geburtstag noch einen gelben Helm.

Wie viele weitere Kombinationen gibt es nun?

Kannst du sie auflisten?

Wie viele mögliche Kombinationen von Helm und Handschuhen gibt es nun insgesamt?

gelber Helm und schwarze Handschuhe	*gelber Helm und rote Handschuhe*

Es gibt 2 Kombinationen mehr, also sind insgesamt 6 Kombinationen möglich

Mountainbike fahren Arbeitsblatt 3. Klasse: 2a

Michael ist Mitglied im Mountainbike-Club. Er hat 2 Fahrradhelme. Einer ist blau, der andere ist grün. Außerdem hat er 2 Paar Fahrradhandschuhe. Ein Paar ist schwarz, das andere Paar ist rot.

Es gibt 4 mögliche Kombinationen von Helm und Handschuhen.

Kannst du die Helme und Handschuhe so anmalen, dass man die 4 Möglichkeiten erkennen kann?

Verstehe die Aufgabe

Plane die Lösung

Löse die Aufgabe

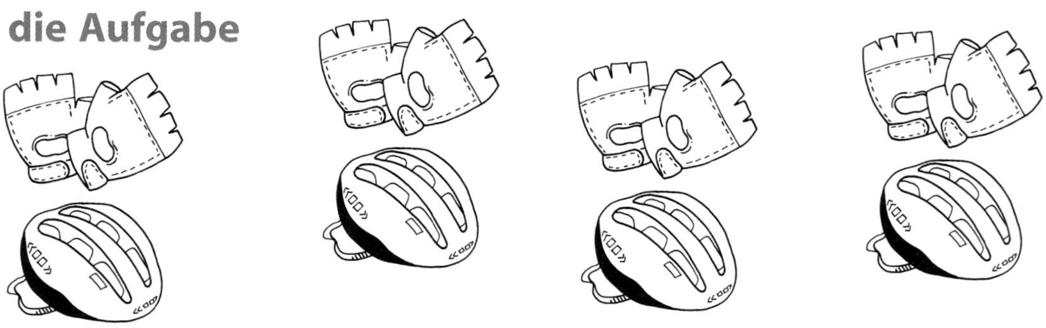

Zusatzaufgabe

Michael bekommt zum Geburtstag einen gelben Helm.

Wie viele weitere Kombinationen gibt es nun?

Kannst du sie auflisten?

Wie viele mögliche Kombinationen von Helm und Handschuhen gibt es nun insgesamt?

Radrennstrecken

Lehrerblatt **3. Klasse: 2b**

Der Mountainbike-Club veranstaltet jedes Jahr auf diesem Gelände ein Radrennen.

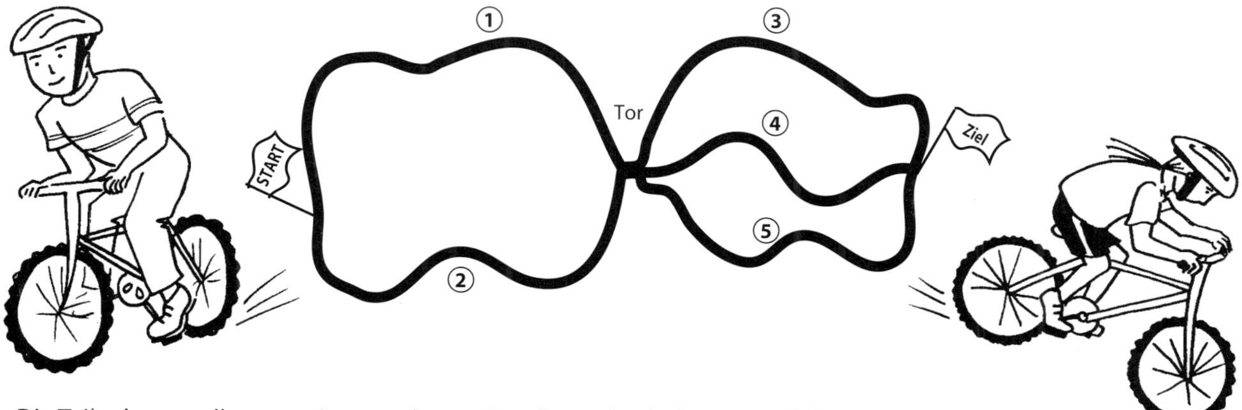

Die Teilnehmer sollen vom Startpunkt aus 6-mal erst durch das Tor und dann zum Ziel radeln; dabei sollen sie jedes Mal eine andere Route fahren.

Kannst du alle verschiedenen Routen vom Start bis zum Ziel auflisten?

Verstehe die Aufgabe

- **Was findet jedes Jahr beim Mountainbike-Club statt?** *(ein Radrennen)*
- **Wo befinden sich der Startpunkt und das Ziel?** *(Weisen Sie auf das Arbeitsblatt hin.)*
- **Wie viele Strecken führen vom Startpunkt zum Tor?** *(2)*
  Welche Nummern haben diese Strecken? *(1 und 2)*
- **Wie viele Strecken führen vom Tor zum Ziel?** *(3)*
  Welche Nummern haben diese Strecken? *(3, 4 und 5)*
- **Was sollst du herausfinden?** *(die 6 verschiedenen Routen vom Startpunkt bis zum Ziel)*

Plane die Lösung

- **Angenommen, ein Teilnehmer nimmt zuerst Strecke Nr. 1. Auf welchen Strecken kann er dann vom Tor zum Ziel fahren?** *(3, 4 und 5)*
- **Notiere zuerst eine mögliche Route auf deiner Liste, dann eine weitere Route.**
- **Wenn eine Route sich aus den Strecken Nr. 1 und Nr. 3 zusammensetzt, welche andere Route könnte dann ein Teilnehmer fahren, wenn er zuerst die Strecke Nr. 1 nimmt?**
  (zuerst Strecke Nr. 1, dann Nr. 4 oder zuerst Nr. 1 und dann Nr. 5)

Löse die Aufgabe

Vervollständige eine geordnete Aufstellung.

Strecke Nr. 1, dann Nr. 3	*Strecke Nr. 1, dann Nr. 4*	*Strecke Nr. 1, dann Nr. 5*
Strecke Nr. 2, dann Nr. 3	*Strecke Nr. 2, dann Nr. 4*	*Strecke Nr. 2, dann Nr. 5*

Zusatzaufgabe

Der Mountainbike-Club legt für das nächste Rennen eine weitere Rennstrecke (Strecke Nr. 6) vom Tor bis zum Ziel an.

Zeichne den neuen Streckenplan.

Wie viele verschiedene Routen gibt es nun vom Startpunkt zum Ziel?

Es gibt 2 Routen mehr, insgesamt also 8 Routen.

Radrennstrecken

Arbeitsblatt **3. Klasse: 2b**

Der Mountainbike-Club veranstaltet jedes Jahr auf diesem Gelände ein Radrennen. Die Teilnehmer sollen vom Startpunkt aus 6-mal erst durch das Tor und dann zum Ziel radeln; dabei sollen sie jedes Mal eine andere Route fahren.

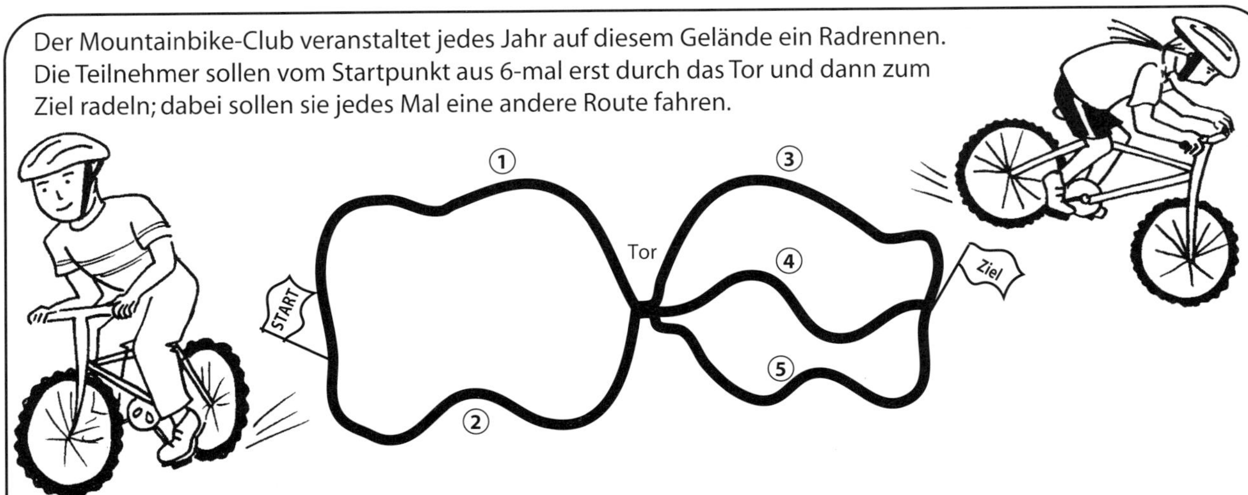

Kannst du alle verschiedenen Routen vom Start bis zum Ziel auflisten?

Verstehe die Aufgabe

Plane die Lösung

Löse die Aufgabe

Route 1:	**zuerst Nr.**	**dann Nr.**
Route 2:	**zuerst Nr.**	**dann Nr.**
Route 3:	**zuerst Nr.**	**dann Nr.**
Route 4:	**zuerst Nr.**	**dann Nr.**
Route 5:	**zuerst Nr.**	**dann Nr.**
Route 6:	**zuerst Nr.**	**dann Nr.**

Zusatzaufgabe

Der Mountainbike-Club legt für das nächste Rennen eine weitere Rennstrecke (Strecke Nr. 6) vom Tor bis zum Ziel an.

Zeichne den neuen Streckenplan.

Wie viele verschiedene Routen gibt es nun vom Startpunkt zum Ziel?

Zielschießen

Lehrerblatt **3. Klasse: 3a**

Katharina wirft 3 Spielsäckchen auf diese Zielscheibe.

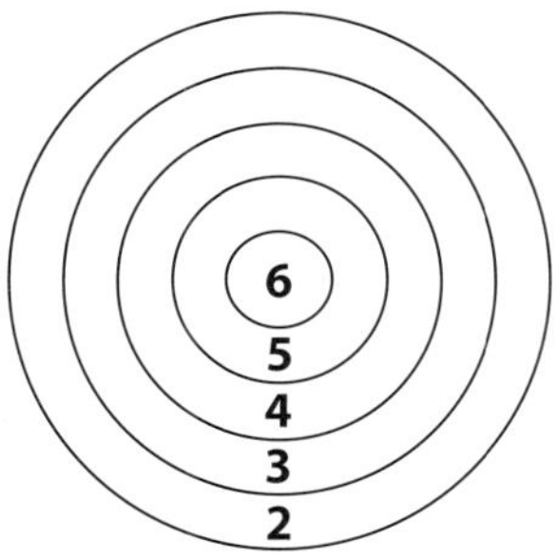

Jedes Säckchen landet auf einer anderen Zahl.
Insgesamt erzielt Katharina 10 Punkte.
Welche Zahlen hat Katharina nacheinander getroffen?

Verstehe die Aufgabe

- **Was macht Katharina?** *(Sie wirft Spielsäckchen auf die Zielscheibe.)*
  Wie viele Säckchen wirft sie? *(3)*
- **Landen 2 Säckchen auf derselben Zahl?** *(Nein, jedes Säckchen landet auf einer anderen Zahl.)*
- **Wie viele Punkte erreicht Katharina insgesamt?** *(10 Punkte)*
- **Was versuchst du herauszufinden?** *(Welche 3 Zahlen Katharina getroffen hat.)*

Plane die Lösung

- **Kannst du 3 Zahlen auf der Zielscheibe finden, die zusammen 10 ergeben?** *(s. Lösung)*
- **Könnte Katharina mit einem Wurf die Zahl 6 getroffen haben?** *(nein)*
- **Kannst du 3 andere Zahlen auf der Zielscheibe zusammenrechnen?** *(s. Lösung)*
- **Wenn ein Säckchen auf 5 und das andere auf 2 gelandet ist, auf welcher Zahl ist dann das dritte Säckchen gelandet?** *(3)*

Löse die Aufgabe

Ausprobieren und verbessern.

- **Versuche es mit 5 + 4 + 3 = 12 (Ergebnis um 2 zu hoch)**
- **Ziehe von einer der Zahlen 2 ab. Mache also aus der 4 eine 2.**
- **Versuche es mit 5 + 2 + 3 = 10 (richtig)**

Katharinas Säckchen landeten auf der 5, der 3 und der 2.

Zusatzaufgabe

Bei der nächsten Wurfrunde landen Katharinas Säckchen wieder auf 3 verschiedenen Zahlen.
Dieses Mal erzielt sie insgesamt 12 Punkte.
Welche Zahlen hat Katharina nacheinander getroffen?

Es gibt 2 mögliche Lösungen: 2, 4 und 6 oder 3, 4 und 5.

Zielschießen

Arbeitsblatt **3. Klasse: 3a**

Katharina wirft 3 Spielsäckchen auf diese Zielscheibe.

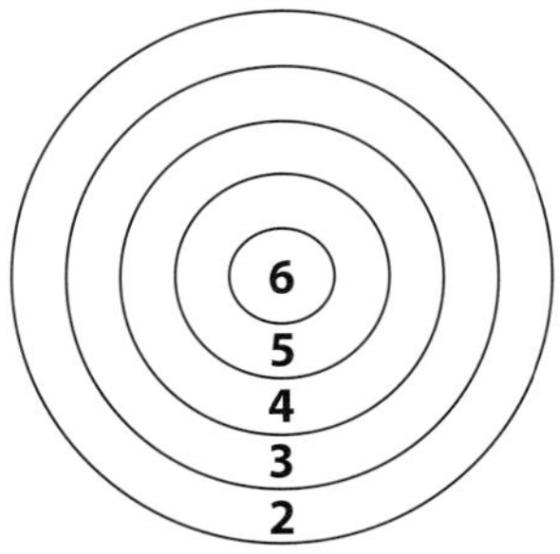

Jedes Säckchen landet auf einer anderen Zahl.
Insgesamt erzielt Katharina 10 Punkte.
Welche Zahlen hat Katharina nacheinander getroffen?

Verstehe die Aufgabe

Plane die Lösung

Löse die Aufgabe

Zusatzaufgabe

Bei der nächsten Wurfrunde landen Katharinas Säckchen wieder auf 3 verschiedenen Zahlen.
Dieses Mal erzielt sie insgesamt 12 Punkte.
Welche Zahlen hat Katharina nacheinander getroffen?

Dominosteine

Lehrerblatt **3. Klasse: 3b**

Sandra und Markus zählen die Punkte auf 3 Dominosteinen.
Insgesamt kommen sie auf 19 Punkte.
Von welchen 3 Dominosteinen zählen sie die Punkte?

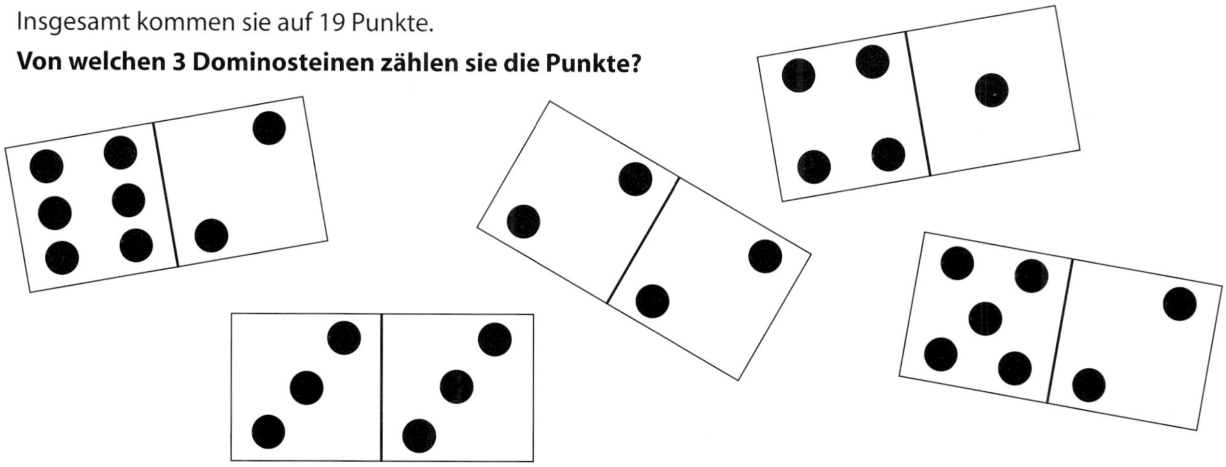

Verstehe die Aufgabe

- **Was zählen Sandra und Markus?** *(die Punkte auf Dominosteinen)*
- **Bei wie vielen Dominosteinen machen sie das?** *(3)*
- **Wie viele Punkte zählen sie insgesamt?** *(19 Punkte)*
- **Versuchen wir herauszufinden wie viele Dominosteine sie zählen?** *(Nein, sondern von welchen Dominosteinen sie die Punkte zählen.)*

Plane die Lösung

- **Wie viele Punkte sind auf jedem Dominostein?** *(4, 5, 6, 7, 8)*
- **Kannst du dabei 3 Zahlen finden, die zusammen 19 ergeben?**
- **Kannst du 3 der Punktezahlen auf dem Bild zusammenrechnen um zu sehen, ob sie 19 ergeben?**

Hier sind zusätzliche Hinweise für Schüler, die nicht weiter wissen:

- **Wenn Sandra und Markus 8 Punkte auf einem Dominostein gezählt haben, wie viele Punkte mehr haben sie noch gezählt? Welche Dominosteine haben diese Punktzahlen?** *(3/3 und 4/1 oder 5/2 und 2/2)*
- **Gibt es mehr als eine Lösung für diese Aufgabe?** *(ja, s. Lösung)*

Löse die Aufgabe

Ausprobieren und verbessern.

- **Versuche es mit 8 + 6 + 4 = 18 (Ergebnis um 1 zu niedrig)**
- **Zähle zu einer der Zahlen 1 hinzu. Mach also aus der 4 eine 5 oder aus der 6 eine 7.**
- **Versuche es mit 8 + 6 + 5 = 19 (richtig)**
- **Versuche es mit 8 + 7 + 4 = 19 (richtig)**

Sandra und Markus zählen die Punkte auf folgenden Dominosteinen: 6/2 3/3 4/1 oder 6/2 5/2 2/2.

Zusatzaufgabe

Sandra und Markus zählen nun die Punkte auf 3 anderen Dominosteinen.
Dieses Mal kommen sie auf 17 Punkte.
Von welchen 3 Dominosteinen zählen sie die Punkte?

Es gibt 2 mögliche Lösungen: 6/2 4/1 2/2 oder 5/2 3/3 2/2.

Dominosteine

Arbeitsblatt **3. Klasse: 3b**

Sandra und Markus zählen die Punkte auf 3 Dominosteinen.

Insgesamt kommen sie auf 19 Punkte.

Von welchen 3 Dominosteinen zählen sie die Punkte?

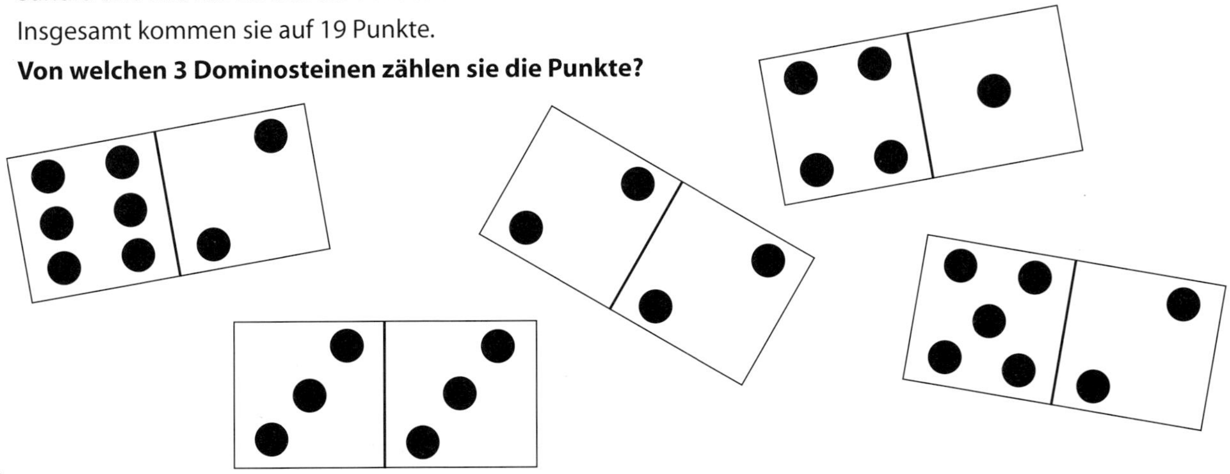

Verstehe die Aufgabe

Plane die Lösung

Löse die Aufgabe

Zusatzaufgabe

Sandra und Markus zählen nun die Punkte auf 3 anderen Dominosteinen.

Dieses Mal kommen sie auf 17 Punkte.

Von welchen 3 Dominosteinen zählen sie die Punkte?

Spiel mit Würfeln

Lehrerblatt **3. Klasse: 4a**

Lisa spielt zusammen mit 5 Freunden ein Würfelspiel. Jeder, der an der Reihe ist, würfelt 3-mal und zählt dann die Ergebnisse zusammen. Hier siehst du die 3 Würfe von allen 6 Kindern.

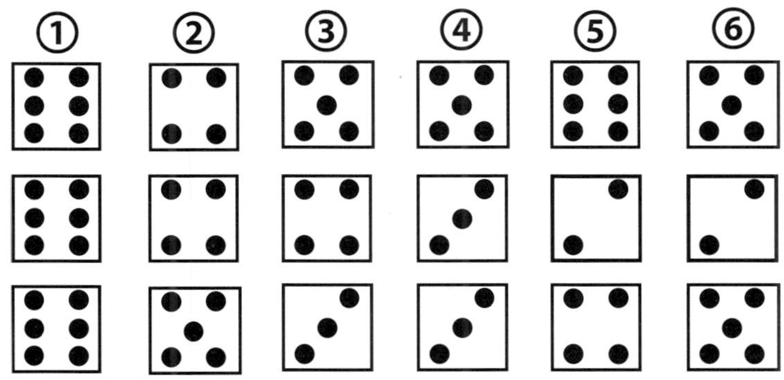

Lisas Gesamtergebnis ist 11 Punkte. Wie viele Punkte erzielt sie bei jedem Wurf?

Verstehe die Aufgabe

- **Wie viele Kinder spielen das Würfelspiel?** *(6)*
- **Wie oft würfelt jeder?** *(3-mal)*
- **Was macht jeder Spieler, nachdem er gewürfelt hat?** *(Er zählt seine Ergebnisse zusammen.)*
- **Welches Gesamtergebnis erzielt Lisa?** *(11 Punkte)*
- **Was versuchst du herauszufinden?** *(Wie viele Punkte sie bei jedem Wurf erzielt.)*

Plane die Lösung

- **Kannst du 3 Zahlen finden, die zusammen 11 ergeben?**
- **Gibt es auf dem Bild 3 Würfelergebnisse, die 11 ergeben?**
- **Warum kann Lisa nicht die ersten 3 Würfe gemacht haben?** *(Weil die Punkte zusammen nicht 11 ergeben.)*
- **Wenn ein Würfelergebnis 5 ist, welches Ergebnis haben dann die beiden anderen Würfe?** *(s. Lösung)*

Löse die Aufgabe

Ausprobieren und verbessern.

- **Versuche es mit 5 + 4 + 3 = 12 (Ergebnis um 1 zu hoch)**
- **Ziehe von einer der Zahlen 1 ab**
- **Versuche es mit 5 + 3 + 3 = 11 (richtig)**

Lisa hat nacheinander 5 Punkte, 3 Punkte und noch einmal 3 Punkte erzielt.

Zusatzaufgabe

Lisa und ihre Freunde spielen eine neue Runde. Dieses Mal wirft Lisa einmal 5 und mindestens einmal 6.

Wenn Lisa dieses Mal insgesamt 17 Punkte erzielt, welches Ergebnis hat dann jeder ihrer 3 Würfe?

Die Ergebnisse ihrer 3 Würfe waren: 6, 6 und 5.

Spiel mit Würfeln

Arbeitsblatt **3. Klasse: 4a**

Lisa spielt zusammen mit 5 Freunden ein Würfelspiel. Jeder, der an der Reihe ist, würfelt 3-mal und zählt dann die Ergebnisse zusammen. Hier siehst du die 3 Würfe von allen 6 Kindern.

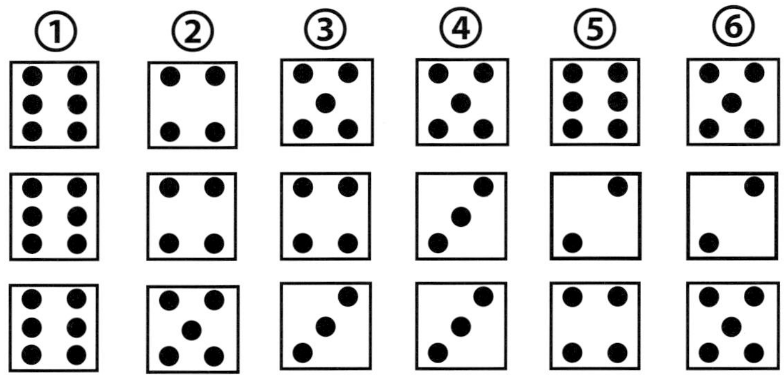

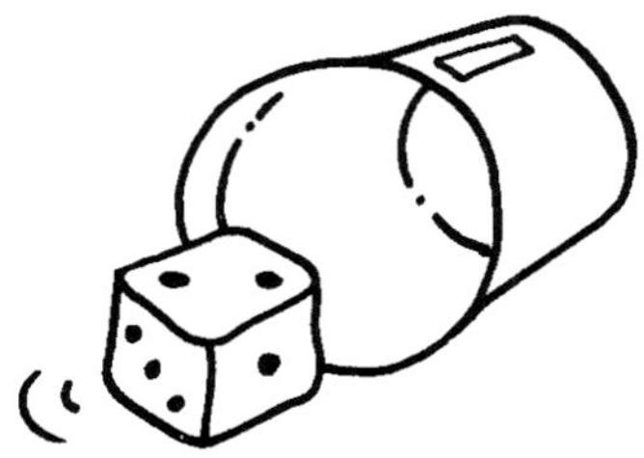

Lisas Gesamtergebnis ist 11 Punkte. Wie viele Punkte erzielt sie bei jedem Wurf?

Verstehe die Aufgabe

Plane die Lösung

Löse die Aufgabe

Zusatzaufgabe

Lisa und ihre Freunde spielen eine neue Runde. Dieses Mal wirft Lisa einmal 5 und mindestens einmal 6.

Wenn Lisa dieses Mal insgesamt 17 Punkte erzielt, welches Ergebnis hat dann jeder ihrer 3 Würfe?

Würfelspiel

Lehrerblatt **3. Klasse: 4b**

Lisa und ihre Freunde spielen ein anderes Würfelspiel, bei dem jeder 3 Würfe hat. Bei diesem Spiel gibt es 2 Mannschaften mit je 3 Spielern. Wie beim letzten Spiel würfelt jeder 3-mal und zählt dann seine Ergebnisse zusammen. Zuletzt zählt jede Mannschaft die Ergebnisse ihrer 3 Spieler zusammen.

Hier sind die Würfelergebnisse jedes Spielers:

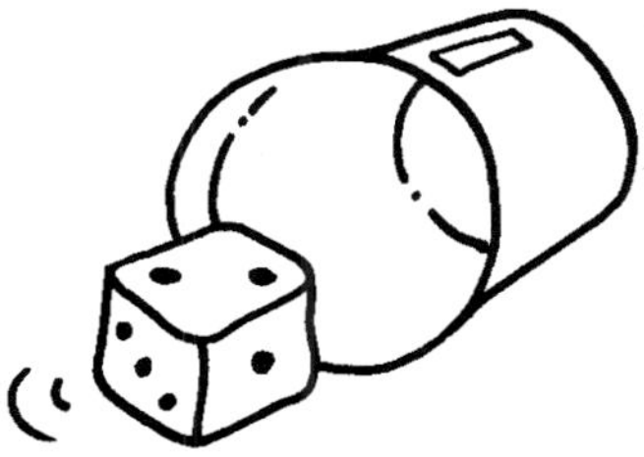

Bastian: 10 Anna: 6 Manuel: 13 Lisa: 9 Kathi: 7 Alex: 12

Lisas Mannschaft hat ein Gesamtergebnis von 27 Punkten.
Welche anderen Spieler sind in ihrer Mannschaft?

Verstehe die Aufgabe

- **Was machen Lisa und ihre Freunde?** *(Sie spielen noch ein Würfelspiel.)*
- **Wie viele Mannschaften gibt es dabei?** *(2)*
  Wie viele Spieler hat jede Mannschaft? *(3)*
- **Was macht jeder Spieler, nachdem er gewürfelt hat?** *(Er zählt seine Ergebnisse zusammen.)*
- **Wie bekommen sie das Gesamtergebnis für jede Mannschaft?**
  (Jede Mannschaft zählt die Ergebnisse ihrer 3 Spieler zusammen.)
- **Welches Gesamtergebnis hat Lisas Mannschaft?** *(27 Punkte)*
- **Was versuchst du herauszufinden?** *(Welche Spieler in Lisas Mannschaft sind.)*

Plane die Lösung

- **Von welcher Person wissen wir sicher, dass sie in Lisas Mannschaft ist?** *(Lisa)*
  Was ist Lisas Gesamtergebnis? *(9 Punkte)*
  Wie viel würfeln dann die beiden anderen Spieler in ihrer Mannschaft?
- **Wenn Lisa 9 würfelt, wie viel würfeln dann die beiden anderen Spieler in ihrer Mannschaft zusammen?**
  (18 Punkte)
  Könnten vielleicht Manuel und Kathi in Lisas Mannschaft mitspielen? *(Nein, weil ihre Ergebnisse zusammen 20 Punkte ausmachen.)*
  Kannst du 2 Würfelergebnisse finden, die zusammen 18 Punkte ergeben?

Löse die Aufgabe

Logisch denken/
Ausprobieren und vebessern.

- **Es geht um Lisas Mannschaft, also muss eine der drei Zahlen 9 sein.**
- **Die beiden anderen Zahlen müssen 18 ergeben, denn 27 – 9 = 18.**
- **Versuche es mit 9 + 13 + 6 = 28 (Ergebnis ist um 1 zu hoch, ziehe von einer der Zahlen 1 ab.)**
- **Versuche es mit 9 + 12 + 6 = 27 (richtig)**

9, 12 und 6 ergeben zusammen 27. Also sind Anna und Alex in Lisas Mannschaft.

Zusatzaufgabe

Angenommen, Lisas Mannschaft hätte insgesamt 26 Punkte erzielt.

Welche beiden anderen Spieler hätten dann mit ihr zusammen gespielt?

Dann hätten Bastian und Kathi mit ihr zusammen gespielt, denn 9 + 10 + 7 = 26.

Würfelspiel

Arbeitsblatt **3. Klasse: 4b**

Lisa und ihre Freunde spielen ein anderes Würfelspiel, bei dem jeder 3 Würfe hat. Bei diesem Spiel gibt es 2 Mannschaften mit je 3 Spielern. Wie beim letzten Spiel würfelt jeder 3-mal und zählt dann seine Ergebnisse zusammen. Zuletzt zählt jede Mannschaft die Ergebnisse ihrer 3 Spieler zusammen.

Hier sind die Würfelergebnisse jedes Spielers:

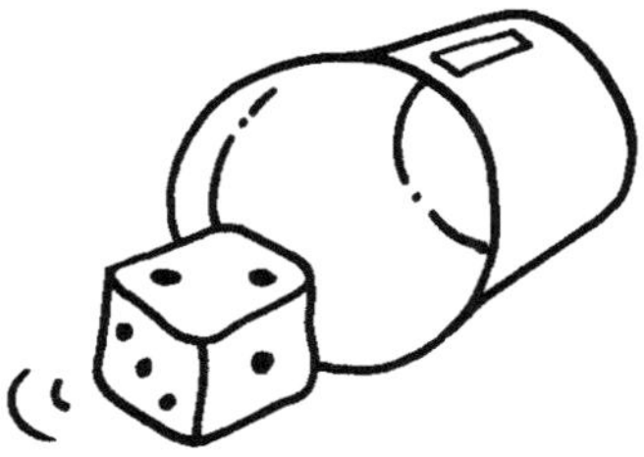

Bastian: 10	**Anna: 6**	**Manuel: 13**	**Lisa: 9**	**Kathi: 7**	**Alex: 12**

Lisas Mannschaft hat ein Gesamtergebnis von 27 Punkten.
Welche anderen Spieler sind in ihrer Mannschaft?

Verstehe die Aufgabe

Plane die Lösung

Löse die Aufgabe

Zusatzaufgabe

Angenommen, Lisas Mannschaft hätte insgesamt 26 Punkte erzielt.

Welche beiden anderen Spieler hätten dann mit ihr zusammen gespielt?

Korbballergebnisse Lehrerblatt 3. Klasse: 5a

In dieser Saison hat die Korbballmannschaft der Sonnenburger Grundschule insgesamt 6 Spiele gegen die Nebelsteiner Schulmannschaft gespielt. Die Tabelle zeigt, dass die Nebelsteiner die ersten 3 Spiele gewonnen haben. In den Ergebnissen jeder Mannschaft kannst du ein Rechenmuster erkennen.

Spiel	1	2	3	4	5	6
Sonnenburg	5	8	11	14		
Nebelstein	8	10	12	14		

Die Mannschaftsergebnisse der letzten beiden Spiele folgen dem Rechenmuster für die ersten 4 Spiele.

Wie viele Punkte erzielte jede Mannschaft in den letzten beiden Spielen?

Verstehe die Aufgabe

- **Wie viele Spiele hatten die 2 Korbballmannschaften?** *(6)*
- **Welche Mannschaft hat die ersten 3 Spiele gewonnen?** *(Nebelstein)*
- **Wie viele Punkte erzielte jede Mannschaft im ersten Spiel?** *(Sonnenburg 5, Nebelstein 8)*
- **Wie viele Punkte erzielten beide im vierten Spiel?** *(beide 14)*

Plane die Lösung

- **Welche Ergebnisse hatte Sonnenburg in den ersten 4 Spielen?** *(5, 8, 11 und 14)* **Kannst du bei diesen Zahlen ein Muster erkennen?** *(Sie werden immer um 3 größer.)* **Wie viele Punkte werden die Sonnenburger im fünften Spiel erzielen?** *(17)* **Und wie viele im sechsten Spiel?** *(20)*
- **Welche Ergebnisse hatte Nebelstein in den ersten 4 Spielen?** *(8, 10, 12, 14)* **Kannst du bei diesen Zahlen ein Muster erkennen?** *(Sie erhöhen sich immer um 2.)* **Wie viele Punkte werden sie im fünften Spiel erzielen?** *(16)* **Und wie viele im sechsten Spiel?** *(18)*
- **Wie viele Punkte mehr erzielte Sonnenburg im zweiten Spiel, verglichen mit dem ersten?** *(3)* **Und wie viele Punkte mehr im dritten Spiel, verglichen mit dem zweiten?** *(3)* **Wie viele Punkte mehr erzielten sie im vierten Spiel, verglichen mit dem dritten?** *(3)*
- **Wie viele Punkte mehr erzielte Nebelstein im zweiten Spiel, verglichen mit dem ersten?** *(2)* **Und wie viele Punkte mehr im dritten Spiel, verglichen mit dem zweiten?** *(2)* **Wie viele Punkte mehr erzielten sie im vierten Spiel, verglichen mit dem dritten?** *(2)*
- **Wer hat das fünfte Spiel gewonnen?** *(Sonnenburg, mit 17:16)* **Wer hat das sechste Spiel gewonnen?** *(Sonnenburg, mit 20:18)*

Löse die Aufgabe

Suche ein Muster.

Spiel	1	2	3	4	5	6
Sonnenburg	5	8	11	14	17	20
Nebelstein	8	10	12	14	16	18

Sonnenburg hat die beiden letzten Spiele gewonnen; das fünfte Spiel mit 17:16 Punkten und das sechste Spiel mit 20:18 Punkten.

Zusatzaufgabe

Die Schulmannschaft aus Sonnenburg hat ebenfalls 6 Spiele gegen Hagelfels gespielt. In der Tabelle siehst du die Spielergebnisse der ersten 4 Spiele.

Auch bei diesen Ergebnissen kannst du ein Rechenmuster erkennen.
Welche Ergebnisse gab es in den Spielen Nr. 5 und Nr. 6?

Spiel	1	2	3	4	5	6
Sonnenburg	4	8	12	16		
Hagelfels	30	25	20	15		

Spiel Nr. 5: Sonnenburg 20, Hagelfels 10
Spiel Nr. 6: Sonnenburg 24, Hagelfels 5

Korbballergebnisse Arbeitsblatt 3. Klasse: 5a

In dieser Saison hat die Korbballmannschaft der Sonnenburger Grundschule insgesamt 6 Spiele gegen die Nebelsteiner Schulmannschaft gespielt. Die Tabelle zeigt, dass die Nebelsteiner die ersten 3 Spiele gewonnen haben. In den Ergebnissen jeder Mannschaft kannst du ein Rechenmuster erkennen.

Spiel	1	2	3	4	5	6
Sonnenburg	5	8	11	14		
Nebelstein	8	10	12	14		

Die Mannschaftsergebnisse der letzten beiden Spiele folgen dem Rechenmuster für die ersten 4 Spiele.

Wie viele Punkte erzielte jede Mannschaft in den letzten beiden Spielen?

Verstehe die Aufgabe

Plane die Lösung

Löse die Aufgabe

Spiel	1	2	3	4	5	6
Sonnenburg	5	8	11	14		
Nebelstein	8	10	12	14		

Zusatzaufgabe

Die Schulmannschaft aus Sonnenburg hat ebenfalls 6 Spiele gegen Hagelfels gespielt. In der Tabelle siehst du die Spielergebnisse der ersten 4 Spiele.

Auch bei diesen Ergebnissen kannst du ein Rechenmuster erkennen. Welche Ergebnisse gab es in den Spielen Nr. 5 und Nr. 6?

Spiel	1	2	3	4	5	6
Sonnenburg	4	8	12	16		
Hagelfels	30	25	20	15		

Korbballdresse

Lehrerblatt **3. Klasse: 5b**

Die Spielerinnen der Sonnenburger Korbballmannschaft sind stolz auf ihre Dresse. Sie haben Trikots in 3 verschiedenen Farben: rot, blau und grün. Und sie haben Röcke in 2 verschiedenen Farben: rot und blau. In jedem Spiel werden diese Farben neu zusammengestellt. Sie machen das nach einer bestimmten Methode; d. h., du kannst darin ein Muster erkennen. Die Tabelle zeigt, wie ihre Dresse für 5 Spiele aussehen.

Spiel	1	2	3	4	5	6	7	8
Trikot	rot	blau	grün	rot	blau			
Rock	blau	rot	blau	rot	blau			

Male diese 5 Dresse auf deinem Blatt farbig an.
Dann kannst du die Tabelle nach diesem Muster fertig stellen und die letzten 3 Dresse auch farbig malen.

Verstehe die Aufgabe

- **Wie viele verschiedene Farben haben die Trikots der Korbballmannschaft?** *(3)* **Welche Farben sind es?** *(rot, blau und grün)*
- **Wie viele verschiedene Farben haben ihre Röcke?** *(2)* **Welche Farben sind es?** *(rot und blau)*
- **Welche Trikots und welche Röcke tragen die Spielerinnen im ersten Spiel?** *(rote Trikots, blaue Röcke)*
- **Welche Trikots und welche Röcke tragen sie im fünften Spiel?** *(blaue Trikots, blaue Röcke)*
- **Was versuchst du herauszufinden?** *(Welche Farben ihre Dresse in den Spielen Nr. 6, 7 und 8 haben.)*

Plane die Lösung

- **Kannst du schon bestimmen, welche Trikots die Mannschaft im sechsten Spiel trägt?** *(grüne)*
- **In aufeinander folgenden Spielen trägt die Mannschaft rote, blaue, grüne, rote und blaue Trikots. Welche Farbe kommt wohl als nächste?** *(grün)*
- **Kannst du bestimmen, welche Röcke die Mannschaft im sechsten Spiel trägt?** *(rote)*
- **Kannst du nun die Farben der Dresse für Spiel Nr. 7 bestimmen?** *(rotes Trikot und blauer Rock)*

Löse die Aufgabe

Suche ein Muster.

Muster *Für die Trikots: rot, blau, grün; rot, blau, grün.*

Muster *Für die Röcke: blau, rot; blau, rot; blau, rot.*

Diese Dresse trägt die Mannschaft: Spiel Nr. 6: grüne Trikots, rote Röcke; Spiel Nr. 7: rote Trikots, blaue Röcke; Spiel Nr. 8: blaue Trikots, rote Röcke.

Zusatzaufgabe

Die Spielerinnen beschließen, in keinem Spiel gleichfarbige Trikots und Röcke zu tragen. Die Tabelle zeigt, welche Dresse sie in den ersten 5 Spielen anhaben. **Stelle die Tabelle nach diesem Muster fertig und finde so heraus, welche Farben die Spielerinnen in den letzten 3 Spielen tragen.**

Spiel	1	2	3	4	5	6	7	8
Trikot	grün	blau	rot	grün	blau	rot	grün	blau
Rock	rot	rot	blau	rot	rot	blau	rot	rot

Korbballdresse

Arbeitsblatt **3. Klasse: 5b**

Die Spielerinnen der Sonnenburger Korbballmannschaft sind stolz auf ihre Dresse. Sie haben Trikots in 3 verschiedenen Farben: rot, blau und grün. Und sie haben Röcke in 2 verschiedenen Farben: rot und blau. In jedem Spiel werden diese Farben neu zusammengestellt. Sie machen das nach einer bestimmten Methode; d. h., du kannst darin ein Muster erkennen. Die Tabelle zeigt, wie ihre Dresse für 5 Spiele aussehen.

Spiel	1	2	3	4	5	6	7	8
Trikot	rot	blau	grün	rot	blau			
Rock	blau	rot	blau	rot	blau			

Male diese 5 Dresse auf deinem Blatt farbig an.
Dann kannst du die Tabelle nach diesem Muster fertig stellen und die letzten 3 Dresse auch farbig malen.

Verstehe die Aufgabe

Plane die Lösung

Löse die Aufgabe

Zusatzaufgabe

Die Spielerinnen beschließen, in keinem Spiel gleichfarbige Trikots und Röcke zu tragen. Die Tabelle zeigt, welche Dresse sie in den ersten 5 Spielen anhaben. **Stelle die Tabelle nach diesem Muster fertig und finde so heraus, welche Farben die Spielerinnen in den letzten 3 Spielen tragen.**

Spiel	1	2	3	4	5	6	7	8
Trikot	grün	blau	rot	grün	blau			
Rock	rot	rot	blau	rot	rot			

Zugfahrt

Lehrerblatt **3. Klasse: 6a**

Im Vergnügungspark kauft man sich Fahrchips für die Karusselle und den Minizug, der auf dem Gelände herumfährt. Eine solche Eisenbahnfahrt kostet 4 Fahrchips.

Wie viele Fahrchips kosten 8 Fahrten?

Fahrten	1	2	3	4	5	6	7	8
Fahrchips	4	8	12					

Verstehe die Aufgabe

Womit bezahlt man die Zugfahrten? *(mit Fahrchips)*

Wie viel kostet eine Fahrt? *(4 Fahrchips)*

Was sollst du herausfinden? *(Wie viele Fahrchips 8 Fahrten kosten.)*

Plane die Lösung

- **Wenn eine Fahrt 4 Chips kostet, wie viel kosten dann 2 Fahrten?** *(8 Chips)*
  3 Fahrten? *(12 Chips)*
- **Schaue dir die Tabelle an. Wie viele Chips mehr kosten 2 Fahrten im Vergleich mit einer Fahrt?** *(4 Fahrchips)*
  Wie viele Chips mehr kosten 3 Fahrten im Vergleich mit 2 Fahrten? *(4 Fahrchips)*
- **Wie viele Chips bräuchtest du für 4 Fahrten?** *(16)* **Für 5 Fahrten?** *(20)*
- **Kannst du bei 4 anfangen und in Viererschritten weiterzählen? Wann musst du aufhören?** *(Bei der achten Zahl, also bei 32.)*

Löse die Aufgabe

Erstelle eine Tabelle/Suche ein Muster.

Fahrten	1	2	3	4	5	6	7	8
Fahrchips	4	8	12	16	20	24	28	**32**

8 Fahrten kosten 32 Fahrchips

Zusatzaufgabe

Daniel hat 26 Fahrchips.

Schaue in der Tabelle nach, wie oft er damit Zug fahren kann.

Er kann 6-mal Zug fahren; 2 Fahrchips bleiben übrig.

Zugfahrt

Arbeitsblatt **3. Klasse: 6a**

Im Vergnügungspark kauft man sich Fahrchips für die Karusselle und den Minizug, der auf dem Gelände herumfährt. Eine solche Eisenbahnfahrt kostet 4 Fahrchips.

Wie viele Fahrchips kosten 8 Fahrten?

Fahrten	1	2	3	4	5	6	7	8
Fahrchips	4	8	12					

Verstehe die Aufgabe

Plane die Lösung

Löse die Aufgabe

Fahrten	1	2	3	4	5	6	7	8
Fahrchips	4	8	12					

Zusatzaufgabe

Daniel hat 26 Fahrchips.

Schaue in der Tabelle nach, wie oft er damit Zug fahren kann.

Zugwagen

Lehrerblatt **3. Klasse: 6b**

Jeder Wagen des Minizugs hat eine der folgenden 3 Farben: rot, weiß und blau. Die Wagen sind immer nach demselben Muster aneinander gekoppelt. Das Bild zeigt eine Wagenfolge von 6 Wagen nach diesem Muster.

Male die ersten 6 Zugwagen in dem Bild weiter unten auf deinem Blatt farbig an.

Nun muss der Lokführer nach dem obigen Muster weitere 3 Wagen anhängen:

Male die letzten 3 Zugwagen in dem Bild weiter unten farbig an und zeige damit dem Lokführer, wie er sie ankoppeln muss.

Verstehe die Aufgabe

- **Welche Farben haben die Wagen des Minizugs?** *(rot, weiß, blau)*
- **In welcher besonderen Weise sind die Wagen aneinander gekoppelt?** *(nach einem bestimmten Muster)*
- **Wie viele Wagen sind zunächst an die Lok angehängt?** *(6)*
- **Wie viele Wagen müssen noch angehängt werden?** *(3)*
- **In welcher besonderen Weise müssen die zusätzlichen Wagen aneinander gekoppelt werden?** *(nach demselben Muster wie die anderen)*

Plane die Lösung

- **Welche Farbe hat immer der Wagen hinter einem weißen Wagen?** *(rot)*
- **Welche Farbe hat der Wagen hinter dem blauen Wagen?** *(weiß)*
- **Welche Farbe sollte der siebte Wagen haben – rot, weiß oder blau?** *(rot)*
- **Welche Farbe hat der Wagen hinter 2 roten Wagen?** *(blau)*
- **Der siebte Wagen muss rot sein. Welche Farbe sollte der Wagen dahinter haben?** *(blau)*
  Welcher der 3 zusätzlichen Wagen wird als letzter angehängt? *(der weiße)*

Löse die Aufgabe

Stelle die Tabelle fertig/Suche ein Muster.

Muster *Das Muster ist die Farbenfolge weiß, rot, rot, blau.*

Zusatzaufgabe

Der Lokführer muss noch einmal 3 Wagen anhängen.

Male die zusätzlichen 3 Wagen so an, dass sie dem Muster entsprechen.

Der Zug hat nun insgesamt 12 Wagen.

Welche Farben haben der a) 10. Wagen? b) 11. Wagen? c) 12. Wagen?

a) rot b) rot c) blau

Zugwagen

Arbeitsblatt **3. Klasse: 6b**

Jeder Wagen des Minizugs hat eine der folgenden 3 Farben: rot, weiß und blau. Die Wagen sind immer nach demselben Muster aneinander gekoppelt. Das Bild zeigt eine Wagenfolge von 6 Wagen nach diesem Muster.

Male die ersten 6 Zugwagen in dem Bild weiter unten auf deinem Blatt farbig an.

Nun muss der Lokführer nach dem obigen Muster weitere 3 Wagen anhängen.

Male die letzten 3 Zugwagen in dem Bild weiter unten farbig an und zeige damit dem Lokführer, wie er sie ankoppeln muss.

Verstehe die Aufgabe

Plane die Lösung

Löse die Aufgabe

Zusatzaufgabe

Der Lokführer muss noch einmal 3 Wagen anhängen.

Male die zusätzlichen 3 Wagen so an, dass sie dem Muster entsprechen.

Der Zug hat nun insgesamt 12 Wagen.

Welche Farben haben der a) 10. Wagen? b) 11. Wagen? c) 12. Wagen?

Fußballsticker

Lehrerblatt **3. Klasse: 7a**

Mark sammelt Fußballsticker. Am ersten Tag kauft er eine Anfangspackung mit 10 Stickern. An jedem der nächsten 5 Tage kauft er weitere 6 Sticker. **Wie viele Sticker hat er am sechsten Tag insgesamt?**

Stelle die Tabelle fertig um einen Überblick zu bekommen.

Tag	1	2	3	4	5	6
Sticker	10	16	22			

Verstehe die Aufgabe

- **Was sammelt Mark?** *(Fußballsticker)*
- **Wie viele Sticker kauft er am ersten Tag?** *(10)*
- **Wie viele kauft er an jedem der nächsten fünf Tage?** *(6)*
- **Was wollen wir herausfinden?** *(Wie viele Sticker er am sechsten Tag insgesamt hat.)*

Plane die Lösung

- **Welche Zahlen stehen in der 1. Tabellenzeile?** *(1–6)*
  Was geben diese Zahlen an? *(die Tage)*
- **Was geben die Zahlen in der 2. Tabellenzeile an?** *(jeweils die Gesamtzahl der Sticker)*
- **Wenn Mark am ersten Tag 10 Sticker hat, wie viele hat er am zweiten Tag?** *(16)*
- **Wie viele hat er also am dritten Tag?** (*16 + 6 = 22*)
- **Fange bei 10 an und zähle in Sechserschritten weiter. Hilft dir das bei der Lösung der Aufgabe?**

Löse die Aufgabe

Stelle die Tabelle fertig/Suche ein Muster.

Tag	1	2	3	4	5	6
Sticker	10	16	22	28	34	***40***

Am sechsten Tag hat Mark insgesamt 40 Sticker.

Zusatzaufgabe

Wie viele Sticker wird Mark am achten Tag insgesamt haben?

Dann wird er 52 Sticker haben.

Fußballsticker

Arbeitsblatt **3. Klasse: 7a**

Mark sammelt Fußballsticker. Am ersten Tag kauft er eine Anfangspackung mit 10 Stickern. An jedem der nächsten 5 Tage kauft er weitere 6 Sticker. **Wie viele Sticker hat er am sechsten Tag insgesamt?**

Stelle die Tabelle fertig um einen Überblick zu bekommen.

Tag	1	2	3	4	5	6
Sticker	10	16	22			

Verstehe die Aufgabe

Plane die Lösung

Löse die Aufgabe

Tag	1	2	3	4	5	6
Sticker	10	16	22			

Zusatzaufgabe

Wie viele Sticker wird Mark am achten Tag insgesamt haben?

Teamsticker

Lehrerblatt **3. Klasse: 7b**

Der Laden, in dem Mark seine Fußballsticker kauft, hat dazu noch Teamsticker im Angebot.
2 Teamsticker kosten dort 5 ct. Mark kauft 12 Teamsticker.

Wie viel bezahlt er für die Sticker?

Stelle die Tabelle fertig um einen Überblick zu bekommen.

Sticker	2	4	6	8	10	12
Preis	5 ct	10 ct	15 ct			

Verstehe die Aufgabe

- **Was hat der Laden im Sonderangebot** *(Teamsticker)*
- **Wie viel kosten die Sticker?** *(2 Stück kosten 5 ct.)*
- **Wie viele Sticker kauft Mark?** *(12)*
- **Was versuchen wir herauszufinden?** *(Wie viel Mark für 12 Sticker bezahlt.)*

Plane die Lösung

- **Was geben die Zahlen in der 1. Tabellenzeile an?** *(die Zahl der Sticker)* **Und die Zahlen in der 2. Zeile?** *(den Preis)*
- **Was kosten 4 Sticker?** *(10 ct)* **Zeige die Stelle in der Tabelle, wo du das ablesen kannst.**
- **Was kosten 6 Sticker?** *(15 ct)* **Zeige auf die Stelle in der Tabelle, wo du das ablesen kannst.**
- **Nach welchem Rechenmuster folgen die Zahlen in der 1. Zeile aufeinander?** *(Sie werden in Zweierschritten größer.)* **Und in der 2. Zeile?** *(Sie erhöhen sich in Fünferschritten.)*
- **Kannst du in Fünferschritten weiterzählen, um herauszufinden, wie viel zwölf Sticker kosten?**

Löse die Aufgabe

Stelle die Tabelle fertig/Suche ein Muster/Denke logisch.

Sticker	2	4	6	8	10	12
Preis	5 ct	10 ct	15 ct	*20 ct*	*25 ct*	***30 ct***

Mark bezahlt 30 ct für die 12 Sticker.

Zusatzaufgabe

Wie viele Teamsticker bekommt man für 45 ct?

Verlängere die Tabelle um es herauszubekommen. *(18)*

Teamsticker

Arbeitsblatt 3. Klasse: 7b

Der Laden, in dem Mark seine Fußballsticker kauft, hat dazu noch Teamsticker im Angebot.
2 Teamsticker kosten dort 5 ct. Mark kauft 12 Teamsticker.

Wie viel bezahlt er für die Sticker?

Stelle die Tabelle fertig um einen Überblick zu bekommen.

Sticker	2	4	6	8	10	12
Preis	5 ct	10 ct	15 ct			

Verstehe die Aufgabe

Plane die Lösung

Löse die Aufgabe

Sticker	2	4	6	8	10	12
Preis	5 ct	10 ct	15 ct			

Zusatzaufgabe

Wie viele Teamsticker bekommt man für 45 ct?

Verlängere die Tabelle um es herauszubekommen.

Sticker	2	4	6	8	10	12			
Preis	5 ct	10 ct	15 ct						

Schatzversteck

Lehrerblatt **3. Klasse: 8a**

Der Pirat Rotbart beschließt einige seiner Goldsäcke auf einer einsamen Insel zu vergraben. Zu diesem Zweck gräbt er 6 tiefe Löcher in den Sand. Merkwürdigerweise teilt er die Säcke nach einer bestimmten Methode auf. Im ersten Loch versteckt er 6 Säcke, im zweiten Loch 10 Säcke, im dritten Loch 14 Säcke und so weiter.

Wie viele Goldsäcke versteckt er im sechsten Loch?
Stelle die Tabelle fertig um einen Überblick zu bekommen.

Loch Nr.	1	2	3	4	5	6
Goldsäcke	6	10	14			

Verstehe die Aufgabe

- **Was beschließt Rotbart?** *(einige seiner Säcke zu vergraben)*
- **Wie viele Löcher gräbt er?** *(6)*
- **Wie viele Goldsäcke versteckt er im ersten Loch?** *(6)* **Im zweiten Loch?** *(10)* **Im dritten Loch?** *(14)*
- **Was versuchen wir herauszufinden?** *(Wie viele Goldsäcke er im sechsten Loch versteckt.)*

Plane die Lösung

- **Was geben die Zahlen in der 1. Tabellenzeile an?** *(die Nummer des jeweiligen Loches)*
  Und die Zahlen in der 2. Zeile? *(die Anzahl der dort vergrabenen Säcke)*
- **Wie viele Säcke versteckt Rotbart im vierten Loch?** *(18)* **Und im fünften Loch?** *(22)*
- **Fange bei 6 an und zähle in Viererschritten weiter. Kannst du bei den Zahlen für die vergrabenen Säcke ein Rechenmuster erkennen?** *(Von 6 an in Viererschritten weitergehen.)*

Löse die Aufgabe

Stelle die Tabelle fertig/Suche ein Muster.

Loch Nr.	1	2	3	4	5	6
Goldsäcke	6	10	14	*18*	*22*	***26***

Rotbart versteckt im sechsten Loch 26 Geldsäcke.

Zusatzaufgabe

Angenommen, Rotbart beschließt, noch mehr Säcke nach demselben Muster zu vergraben.

Im wievielten Loch würde er 38 Säcke vergraben? (*Loch Nr. 9)*

Schatzversteck

Arbeitsblatt 3. Klasse: 8a

Der Pirat Rotbart beschließt einige seiner Goldsäcke auf einer einsamen Insel zu vergraben. Zu diesem Zweck gräbt er 6 tiefe Löcher in den Sand. Merkwürdigerweise teilt er die Säcke nach einer bestimmten Methode auf. Im ersten Loch versteckt er 6 Säcke, im zweiten Loch 10 Säcke, im dritten Loch 14 Säcke und so weiter.

Wie viele Goldsäcke versteckt er im sechsten Loch?
Stelle die Tabelle fertig um einen Überblick zu bekommen.

Loch Nr.	1	2	3	4	5	6
Goldsäcke	6	10	14			

Verstehe die Aufgabe

Plane die Lösung

Löse die Aufgabe

Loch Nr.	1	2	3	4	5	6
Goldsäcke	6	10	14			

Zusatzaufgabe

Angenommen, Rotbart beschließt, noch mehr Säcke nach demselben Muster zu vergraben.

Im wievielten Loch würde er 38 Säcke vergraben?

Piratenmannschaft Lehrerblatt 3. Klasse: 8b

Rotbart findet, dass es an der Zeit ist, wieder die Segel zu setzen. Dazu braucht er eine Piratenmannschaft für sein Segelschiff, insgesamt 30 Männer. Er teilt jeweils einen Goldsack unter 6 Männern auf um sie zu bezahlen.

Wie viele Goldsäcke sind nötig um die ganze Mannschaft zu bezahlen?
Stelle die Tabelle fertig um einen Überblick zu bekommen.

Anzahl der Piraten	6	12			
Goldsäcke	1	2			

Verstehe die Aufgabe

- **Wen braucht Rotbart für sein Segelschiff?** *(eine Piratenmannschaft)*
- **Wie viele Männer braucht er?** *(30)*
- **Wie viel hat er der Mannschaft gezahlt?** *(einen Goldsack für jeweils 6 Männer)*
- **Was versuchen wir herauszufinden?** *(Wie viele Goldsäcke nötig sind um die Mannschaft zu bezahlen.)*

Plane die Lösung

- **Was geben die Zahlen in der 1. Tabellenzeile an?** *(die Anzahl der Piraten)*
  Und die Zahlen in der 2. Tabellenzeile? *(Die Zahl der Goldsäcke, die jeweils 6 Männer bekommen.)*
- **Wie viele Goldsäcke sind nötig um 6 Piraten zu bezahlen?** *(1)* **Und 12 Piraten?** *(2)*
- **Zähle in Sechserschritten weiter. Kannst du ein Rechenmuster bei der Anzahl von Piraten entdecken?** *(Die Anzahl erhöht sich immer um 6.)*
  Stelle nun die Tabelle fertig um die Lösung zu bekommen.

Löse die Aufgabe

Stelle die Tabelle fertig/Suche ein Muster.

Anzahl der Piraten	6	12	*18*	*24*	***30***
Goldsäcke	1	2	3	4	***5***

Es sind 5 Goldsäcke nötig um die Mannschaft zu bezahlen.

Zusatzaufgabe

Holzfuß-Heiner, ein Freund von Rotbart, besitzt 8 Goldsäcke.

Wie viele Männer könnte Holzfuß-Heiner damit bezahlen? *(48)*

Piratenmannschaft Arbeitsblatt 3. Klasse: 8b

Rotbart findet, dass es an der Zeit ist, wieder die Segel zu setzen. Dazu braucht er eine Piratenmannschaft für sein Segelschiff, insgesamt 30 Männer. Er teilt jeweils einen Goldsack unter 6 Männern auf um sie zu bezahlen.

Wie viele Goldsäcke sind nötig um die ganze Mannschaft zu bezahlen?
Stelle die Tabelle fertig um einen Überblick zu bekommen.

Anzahl der Piraten	6	12			
Goldsäcke	1	2			

Verstehe die Aufgabe

Plane die Lösung

Löse die Aufgabe

Anzahl der Piraten	6	12			
Goldsäcke	1	2			

Zusatzaufgabe

Holzfuß-Heiner, ein Freund von Rotbart, besitzt 8 Goldsäcke.

Wie viele Männer könnte Holzfuß-Heiner damit bezahlen?

Lieblingsblumen

Lehrerblatt **3. Klasse: 9a**

Christine, Julia und Miriam suchen aus einem großen Blumenstrauß jeweils ihre Lieblingsblume aus. Jedes Mädchen wählt eine Blume in einer anderen Farbe: eine Blume ist lila, eine ist rot und eine ist gelb. Miriam will ihre Blume ihrer Mutter schenken, weil deren Lieblingsfarbe rot ist. Als Julia an der Reihe ist eine Blume auszusuchen, merkt sie, dass es keine gelben Blumen mehr im Strauß gibt.

Welches Mädchen wählt welche Blumenfarbe?

Verstehe die Aufgabe

- **Was suchen Christine, Julia und Miriam aus?** *(jeweils ihre Lieblingsblume)*
- **Welche Farben haben die Blumen, die sie aussuchen:** *(lila, rot und gelb)* **Male die Blumen auf deinem Blatt farbig an.**
- **Wählen alle Mädchen dieselbe Blumenfarbe?** *(nein)*
- **Welche Farbe hat die Blume, die Miriam ihrer Mutter schenken will?** *(rot)*
- **Welche Blumenfarbe gibt es nicht mehr, als Julia mit dem Aussuchen an der Reihe ist?** *(gelb)*

Plane die Lösung

- **Male Miriams Blume rot an.**
- **Wenn Miriam eine rote Blume aussucht, wählt dann eins der anderen Mädchen auch eine rote Blume?** *(nein)*
- **Wenn Julia keine gelbe Blume mehr bekommt, wer hat dann die gelbe Blume genommen?** *(Christine, denn Miriam sucht die rote Blume aus.)*
- **Male Christines Blume gelb an.**

Löse die Aufgabe

Stelle das Bild fertig/Denke logisch.

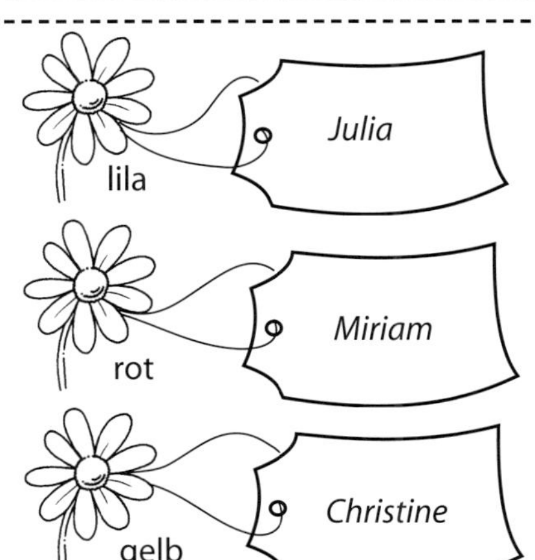

Zusatzaufgabe

Angenommen, es gibt keine lila Blume mehr im Strauß, als Julia an der Reihe ist.

Welche Blumenfarbe hätte jedes Mädchen dann? *(Christine lila; Julia gelb; Miriam rot)*

Lieblingsblumen

Arbeitsblatt **3. Klasse: 9a**

Christine, Julia und Miriam suchen aus einem großen Blumenstrauß jeweils ihre Lieblingsblume aus. Jedes Mädchen wählt eine Blume in einer anderen Farbe: eine Blume ist lila, eine ist rot und eine ist gelb. Miriam will ihre Blume ihrer Mutter schenken, weil deren Lieblingsfarbe rot ist. Als Julia an der Reihe ist eine Blume auszusuchen, merkt sie, dass es keine gelben Blumen mehr im Strauß gibt.

Welches Mädchen wählt welche Blumenfarbe?

Verstehe die Aufgabe

Plane die Lösung

Löse die Aufgabe

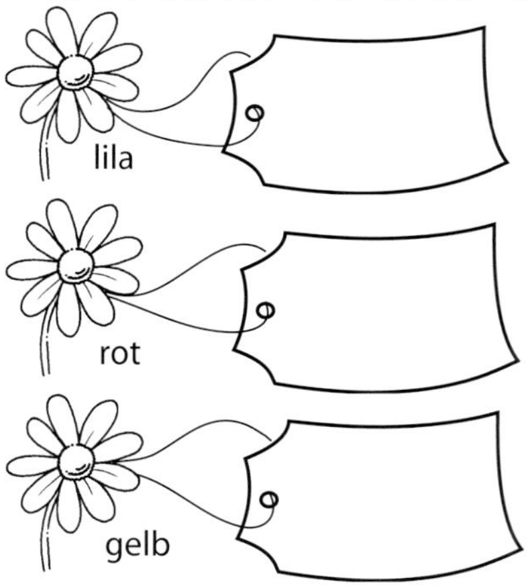

Zusatzaufgabe

Angenommen, es gibt keine lila Blume mehr im Strauß, als Julia an der Reihe ist.

Welche Blumenfarbe hätte jedes Mädchen dann?

Blumentöpfe

Lehrerblatt **3. Klasse: 9b**

Christine, Julia und Miriam haben jede einen Blumentopf. Sie möchten darin Samen ziehen. Ein Blumentopf ist groß, einer mittelgroß und einer ist klein. Miriam hat den mittelgroßen Blumentopf, Julias Blumentopf ist größer als der von Christine.

Zeichne jeden Blumentopf und beschrifte ihn mit dem richtigen Namen.

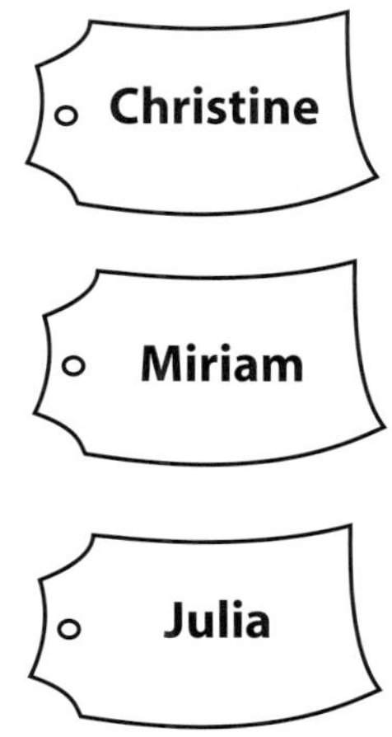

Verstehe die Aufgabe

- **Was hat jedes der Mädchen?** *(einen Blumentopf)*
- **Sind alle Blumentöpfe gleich groß?** *(Nein, es sind 3 verschiedene Größen.)*
- **Wem gehört der mittelgroße Blumentopf?** *(Miriam)*
- **Ist Julias Blumentopf kleiner oder größer als der von Christine?** *(größer)*

Plane die Lösung

- **Wenn Miriam den mittelgroßen Blumentopf hat, welche Größen bleiben dann noch übrig?** *(groß und klein)*
- **Wenn Julias Blumentopf größer ist als der von Christine, hat Julia dann den großen oder den kleinen Blumentopf?** *(den großen)* **Beschrifte Julias Blumentopf.**
- **Wenn Miriam den mittelgroßen und Julia den großen Blumentopf hat, welchen muss dann Christine haben?** *(den kleinen)* **Beschrifte Christines Blumentopf.**

Löse die Aufgabe

Stelle das Bild fertig/Denke logisch.

Zusatzaufgabe

Angenommen, Miriam hat immer noch den mittelgroßen Blumentopf, aber Julia hat einen kleineren als Christine.

Wer hat nun den großen Blumentopf? *(Christine)*

Blumentöpfe

Arbeitsblatt **3. Klasse: 9b**

Christine, Julia und Miriam haben jede einen Blumentopf. Sie möchten darin Samen ziehen. Ein Blumentopf ist groß, einer mittelgroß und einer ist klein. Miriam hat den mittelgroßen Blumentopf, Julias Blumentopf ist größer als der von Christine.

Zeichne jeden Blumentopf und beschrifte ihn mit dem richtigen Namen.

Verstehe die Aufgabe

Plane die Lösung

Löse die Aufgabe

Stelle das Bild fertig/Denke logisch.

Zusatzaufgabe

Angenommen, Miriam hat immer noch den mittelgroßen Blumentopf, aber Julia hat einen kleineren als Christine.

Wer hat nun den großen Blumentopf?

Clownnamen

Lehrerblatt **3. Klasse: 10a**

Im Zirkus sehen Kirsten und Till vier Clowns. Der Clown mit dem Zylinderhut heißt Mario. Der Clown mit den gestreiften Socken heißt Paolo. Arturo ist der größte der vier.

Welcher Clown heißt Beppo?

Verstehe die Aufgabe

- **Wie viele Clowns sehen Kirsten und Till?** *(4)*
- **Wie heißt der Clown mit dem Zylinderhut?** *(Mario)*
- **Wie heißt der Clown mit den gestreiften Socken?** *(Paolo)*
- **Woran kannst du Arturo erkennen?** *(Er ist der größte der vier.)*
- **Wie heißt der vierte Clown?** *(Beppo)*

Plane die Lösung

- **Welcher Clown trägt einen Zylinderhut?** *(Mario)* **Schreibe seinen Namen unter sein Bild.**
- **Welcher von ihnen ist Paolo? Woher weißt du das?** *(Es ist der mit den gestreiften Socken.)* **Schreibe seinen Namen unter sein Bild.**
- **Welcher Clown ist am größten?** *(Arturo)* **Schreibe seinen Namen unter sein Bild.**
- **Fehlt noch ein Name?** *(ja)* **Welcher ist es?** *(Beppo)*

Löse die Aufgabe

Stelle das Bild fertig/Denke logisch.

Paolo	Arturo	Beppo	Mario

Zusatzaufgabe

Jeder Clown hat einen Eimer voll Wasser um die anderen Clowns nass zu machen. Jeder Eimer ist anders gemustert. Der gepunktete Eimer gehört dem größten Clown. Ein Eimer hat dasselbe Muster wie die Socken des Clowns, dem er gehört. Der Eimer mit den Sternen gehört nicht dem Clown mit dem Zylinderhut.

Kannst du den Namen jedes Clowns unter den Eimer schreiben, der ihm gehört?

Beppo	*Arturo*	*Mario*	*Paolo*

Clownnamen

Arbeitsblatt **3. Klasse: 10a**

Im Zirkus sehen Kirsten und Till vier Clowns. Der Clown mit dem Zylinderhut heißt Mario. Der Clown mit den gestreiften Socken heißt Paolo. Arturo ist der größte der vier.

Welcher Clown heißt Beppo?

Verstehe die Aufgabe

Plane die Lösung

Löse die Aufgabe

Zusatzaufgabe

Jeder Clown hat einen Eimer voll Wasser um die anderen Clowns nass zu machen. Jeder Eimer ist anders gemustert. Der gepunktete Eimer gehört dem größten Clown. Ein Eimer hat dasselbe Muster wie die Socken des Clowns, dem er gehört. Der Eimer mit den Sternen gehört nicht dem Clown mit dem Zylinderhut.

Kannst du den Namen jedes Clowns unter den Eimer schreiben, der ihm gehört?

Akrobatennamen

Lehrerblatt **3. Klasse: 10b**

In einer anderen Zirkusnummer treten 4 Akrobaten auf. Sie heißen Alberto, Benito, Carlo und Diego. Alle sind sie verschieden groß.

Carlo ist kleiner als Alberto. Benito ist größer als Diego. Alberto ist kleiner als Diego.

Kannst du die Namen der Akrobaten unter die richtigen Bilder schreiben?

Verstehe die Aufgabe

- **Wie viele Akrobaten sehen Kirsten und Till?** *(4)*
- **Sind alle Akrobaten gleich groß?** *(Nein, alle sind verschieden groß.)*
- **Ist Alberto größer als Carlo?** *(ja)*
- **Wer ist größer, Benito oder Alberto?** *(Benito)*
- **Wer ist größer, Diego oder Alberto?** *(Diego)*
- **Was versuchen wir herauszufinden?** *(Welcher Name zu welchem Bild gehört.)*

Plane die Lösung

- **Wer ist der Kleinste der vier?** *(Carlo)* **Schreibe seinen Namen unter das richtige Bild.**
- **Ist Alberto größer als Carlo?** *(ja)* **Ist Alberto größer als Diego?** *(nein)*
  Was glaubst du, welcher Akrobat heißt Alberto? Schreibe seinen Namen unter das richtige Bild.
- **Ist Diego größer als Alberto?** *(ja)* **Ist Diego größer als Benito?** *(nein)*
  Was glaubst du, welcher Akrobat heißt Diego? Schreibe seinen Namen unter das richtige Bild.
- **Wer ist der größte Akrobat?** *(Benito)* **Schreibe seinen Namen unter das richtige Bild.**

Löse die Aufgabe

Stelle das Bild fertig/Denke logisch.

Diego	Carlo	Benito	Alberto

Zusatzaufgabe

Kirsten und Till haben auch herausgefunden, wie alt die Akrobaten sind.
Diego ist älter als Benito und Carlo, aber jünger als Alberto.
Benito ist der Jüngste von allen.

Kannst du die Namen der Akrobaten nach ihrem Alter geordnet aufschreiben? Fange mit dem ältesten an.

(Alberto ⟶ Diego ⟶ Carlo ⟶ Benito)

Akrobatennamen

Arbeitsblatt **3. Klasse: 10b**

In einer anderen Zirkusnummer treten 4 Akrobaten auf. Sie heißen Alberto, Benito, Carlo und Diego. Alle sind sie verschieden groß.

Carlo ist kleiner als Alberto. Benito ist größer als Diego. Alberto ist kleiner als Diego.

Kannst du die Namen der Akrobaten unter die richtigen Bilder schreiben?

Verstehe die Aufgabe

Plane die Lösung

Löse die Aufgabe

Zusatzaufgabe

Kirsten und Till haben auch herausgefunden, wie alt die Akrobaten sind.

Diego ist älter als Benito und Carlo, aber jünger als Alberto.

Benito ist der Jüngste von allen.

Kannst du die Namen der Akrobaten nach ihrem Alter geordnet aufschreiben? Fange mit dem ältesten an.

Weihnachtsgeschenke Lehrerblatt 3. Klasse: 11a

Am Heiligen Abend freuen sich Claudia, Markus, Lilli und Jan schon darauf, ihre Geschenke auszupacken. Es gibt nur ein Problem dabei: 4 Geschenke haben kein Namenskärtchen. Ihr Papa sagt, er wisse, für wen die Geschenke seien und gibt ihnen die folgenden Anhaltspunkte:
Lillis Geschenk ist nicht mittelgroß. Das Geschenk von Markus ist nicht das größte. Jans Geschenk hat einen Stern auf der Verpackung. Das kleinste Geschenk ist für Claudia.

Kannst du die Geschenke der Kinder mit ihren Namen beschriften?

Verstehe die Aufgabe

- **Welches Problem gibt es bei vier Geschenken?** *(Sie haben keine Namenskärtchen.)*
- **Ist Lillis Geschenk mittelgroß?** *(nein)*
- **Ist das größte Geschenk für Markus?** *(nein)*
- **Woran erkennt man Jans Geschenk?** *(Es hat einen Stern auf der Verpackung.)*
- **Für wen ist das kleinste Geschenk?** *(Claudia)*

Plane die Lösung

- **Wer bekommt das Geschenk mit dem Stern?** *(Jan)* **Schreibe Jans Namen auf sein Namenskärtchen.**
- **Welches Geschenk ist für Claudia?** *(das kleinste)* **Schreibe Claudias Namen auf ihr Namenskärtchen.**
- **Welche Geschenk sind jetzt noch unbeschriftet?** *(das größte und ein mittelgroßes)* **Welche Namen sind jetzt noch übrig?** *(Markus und Lilli)* **Kannst du bestimmen, welches der beiden Geschenke für wen ist?**
- **Lilli bekommt kein mittelgroßes Geschenk. Welches von den beiden Geschenken bekommt sie also?** *(das größte)*
- **Welches Geschenk bleibt daher für Markus übrig?** *(das mittelgroße ohne Stern)*

Löse die Aufgabe

Denke logisch.

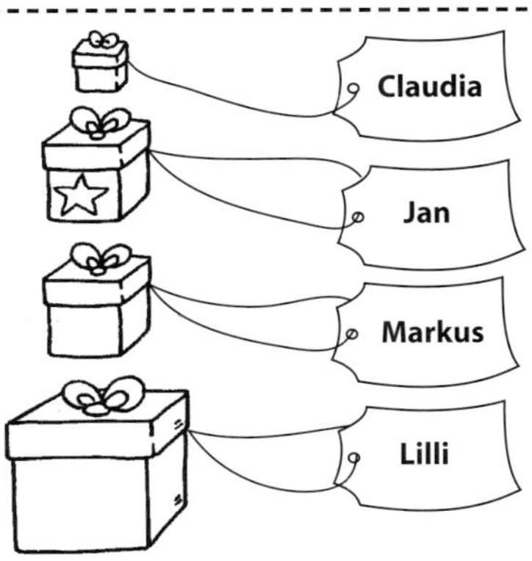

Zusatzaufgabe

Jan, Lilli, Markus, Claudia und ihre Freundin Johanna machen zusammen ein Brettspiel. Johanna gewinnt zwar nicht, aber sie schlägt Lilli und Jan. Lilli schneidet besser ab als Jan und Markus schlechter als Claudia, aber besser als Johanna.

Wer wird beim Spiel Erster, wer wird Letzter?

(Erste: Claudia; Zweiter: Markus; Dritte: Johanna; Vierte: Lilli; Fünfter: Jan.)

Erste wird Claudia; Letzter wird Jan.

Weihnachtsgeschenke Arbeitsblatt 3. Klasse: 11a

Am Heiligen Abend freuen sich Claudia, Markus, Lilli und Jan schon darauf, ihre Geschenke auszupacken. Es gibt nur ein Problem dabei: 4 Geschenke haben kein Namenskärtchen. Ihr Papa sagt, er wisse, für wen die Geschenke seien und gibt ihnen die folgenden Anhaltspunkte:
Lillis Geschenk ist nicht mittelgroß. Das Geschenk von Markus ist nicht das größte. Jans Geschenk hat einen Stern auf der Verpackung. Das kleinste Geschenk ist für Claudia.

Kannst du die Geschenke der Kinder mit ihren Namen beschriften?

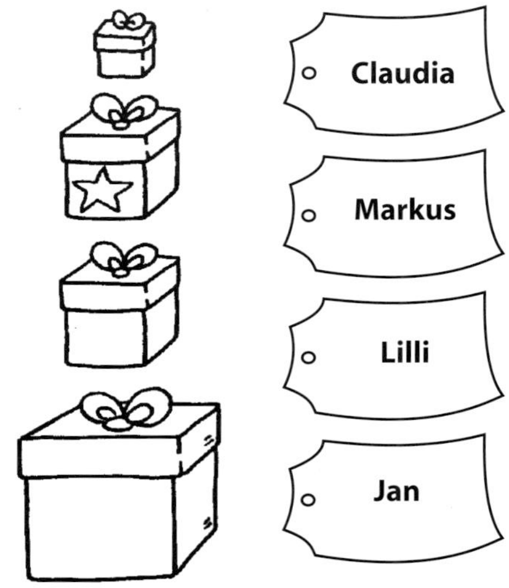

Verstehe die Aufgabe

Plane die Lösung

Löse die Aufgabe

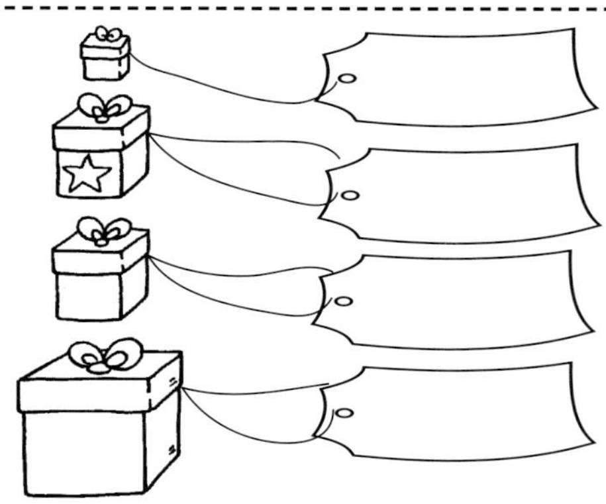

Zusatzaufgabe

Jan, Lilli, Markus, Claudia und ihre Freundin Johanna machen zusammen ein Brettspiel. Johanna gewinnt zwar nicht, aber sie schlägt Lilli und Jan. Lilli schneidet besser ab als Jan und Markus schlechter als Claudia, aber besser als Johanna.

Wer wird beim Spiel Erster, wer wird Letzter?

Modelleisenbahn

Lehrerblatt **3. Klasse: 11b**

Markus bekommt eine Modelleisenbahn; eine Lokomotive und fünf verschiedene Wagen: ein flacher Wagen (F), ein offener Wagen (O), ein abgedeckter Wagen (A), ein Kesselwagen (K) und ein Dienstwagen (D).

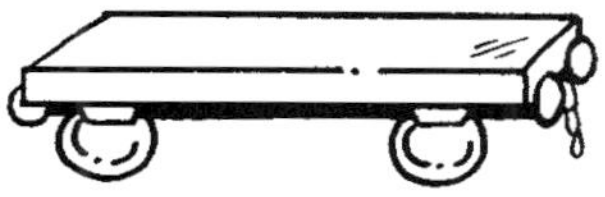
flacher Wagen

offener Wagen

abgedeckter Wagen

Kesselwagen

Dienstwagen

Markus koppelt die Wagen in einer bestimmten Reihenfolge aneinander. Der flache Wagen ist zwischen dem offenen und dem abgedeckten Wagen. Der Kesselwagen ist zwischen dem flachen und dem abgedeckten Wagen. Der abgedeckte Wagen ist zwischen dem Kesselwagen und dem Dienstwagen.

Gib die Reihenfolge der Wagen an.

Verstehe die Aufgabe

- **Was macht Markus mit den Wagen seiner Modelleisenbahn?** *(Er koppelt sie in einer bestimmten Reihenfolge aneinander.)*
- **Wie viele Wagen hat er?** *(5)*
- **Ist der flache Wagen zwischen dem offenen und dem abgedeckten Wagen?** *(ja)*
- **Zwischen welchen Wagen ist der Kesselwagen?** *(zwischen dem flachen und dem abgedeckten Wagen)*
- **Welcher Wagen ist zwischen dem Kesselwagen und dem Dienstwagen?** *(der abgedeckte Wagen)*
- **Was sollst du herausfinden?** *(In welcher Reihenfolge die Wagen aneinander gekoppelt sind.)*

Plane die Lösung

- **Schaue dir das Bild weiter unten an. Der erste Hinweis lautet: „Der flache Wagen (F) ist zwischen dem offenen (O) und dem abgedeckten (A) Wagen." Auf dem Bild siehst du F zwischen O und A eingezeichnet.**
- **Kannst du den Kesselwagen (K) an der richtigen Stelle einzeichnen? Denke daran, der Hinweis lautet, dass er zwischen F und A ist.**
- **Wo befindet sich der Dienstwagen (D)? Zeichne ihn an der richtigen Stelle ein.**

Löse die Aufgabe

Denke logisch/Stelle das Bild fertig.

O	**F**		**A**		**F ist zwischen O und A**
O	**F**	*K*	**A**		**K ist zwischen F und A**
O	**F**	*K*	**A**	*D*	**A ist zwischen K und D**

Die Lösung lautet: offener Wagen, flacher Wagen, Kesselwagen, abgedeckter Wagen, Dienstwagen.

Zusatzaufgabe

Markus sammelt auch Modellautos. Er hat mehr rote als schwarze Autos. Er hat weniger gelbe als schwarze Autos.

Von welcher Farbe hat er die meisten Autos? *(rot)*

Modelleisenbahn

Arbeitsblatt **3. Klasse: 11b**

Markus bekommt eine Modelleisenbahn; eine Lokomotive und fünf verschiedene Wagen: ein flacher Wagen (F), ein offener Wagen (O), ein abgedeckter Wagen (A), ein Kesselwagen (K) und ein Dienstwagen (D).

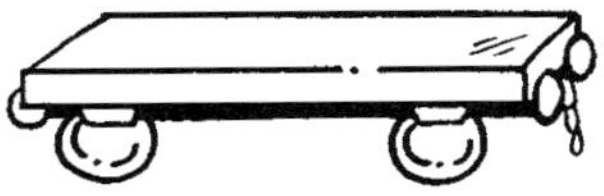
flacher Wagen

offener Wagen

abgedeckter Wagen

Kesselwagen

Dienstwagen

Markus koppelt die Wagen in einer bestimmten Reihenfolge aneinander. Der flache Wagen ist zwischen dem offenen und dem abgedeckten Wagen. Der Kesselwagen ist zwischen dem flachen und dem abgedeckten Wagen. Der abgedeckte Wagen ist zwischen dem Kesselwagen und dem Dienstwagen.

Gib die Reihenfolge der Wagen an.

Verstehe die Aufgabe

Plane die Lösung

Löse die Aufgabe

Der flache Wagen ist zwischen dem offenen und dem abgedeckten Wagen.

O F A

Zusatzaufgabe

Markus sammelt auch Modellautos. Er hat mehr rote als schwarze Autos. Er hat weniger gelbe als schwarze Autos.

Von welcher Farbe hat er die meisten Autos?

Lieblingspirat

Lehrerblatt **3. Klasse: 12a**

Paul zeichnet gern Piraten. Einmal zeichnet er fünf Bilder.
Peter, sein Bruder, sucht sich das Bild aus, das ihm am besten gefällt.
Er gibt Paul die folgenden Anhaltspunkte, wer sein Lieblingspirat ist:

1. Er hat ein Schwert.
2. Er hat eine Augenklappe.
3. Er hat ein Holzbein.

Welcher Pirat gefällt Peter am besten?

Verstehe die Aufgabe

- **Was zeichnet Paul gern?** *(Piraten)*
- **Wie viele Bilder zeichnet er?** *(5)*
- **Was sucht sich Peter aus?** *(Das Bild, das ihm am besten gefällt.)*
- **Was gibt Peter Paul dann?** *(Anhaltspunkte, wer sein Lieblingspirat ist.)*
- **Was versuchst du herauszufinden?** *(Welcher Pirat Peter am besten gefällt.)*

Plane die Lösung

- **Hake jeden Piraten mit einem Schwert ab.**
- **Hake alle Piraten mit einer Augenklappe ab.**
- **Hake jeden Piraten mit einem Holzbein ab.**
- **Welcher Pirat hat nun drei Häkchen?**

Löse die Aufgabe

Denke logisch.

Anhaltspunkt 1: die Piraten 1, 2 und 5 werden abgehakt; 3 und 4 scheiden aus.

Anhaltspunkt 2: die Piraten 1 und 2 werden abgehakt; 5 scheidet aus.

Anhaltspunkt 3: Pirat 2 wird abgehakt; Pirat 1 scheidet aus.

Peters Lieblingspirat ist Pirat Nr. 2.

Zusatzaufgabe

Auf welche Piraten passen diese Anhaltspunkte? Markiere sie auf dem Bild.

Aufgabe 1:

1. Er hat eine Augenklappe.
2. Er hat kein Holzbein.
3. Er hat kein Schwert.
(Pirat 4)

Aufgabe 2:

1. Er hat ein Holzbein.
2. Er hat keine Augenklappe.
3. Er hat kein Schwert.
(Pirat 3)

Lieblingspirat

Arbeitsblatt **3. Klasse: 12a**

Paul zeichnet gern Piraten. Einmal zeichnet er fünf Bilder.
Peter, sein Bruder, sucht sich das Bild aus, das ihm am besten gefällt.
Er gibt Paul die folgenden Anhaltspunkte, wer sein Lieblingspirat ist:

1. Er hat ein Schwert.
2. Er hat eine Augenklappe.
3. Er hat ein Holzbein.

Welcher Pirat gefällt Peter am besten?

Verstehe die Aufgabe

Plane die Lösung

Löse die Aufgabe

Zusatzaufgabe

Auf welche Piraten passen diese Anhaltspunkte? Markiere sie auf dem Bild.

Aufgabe 1:

1. Er hat eine Augenklappe.
2. Er hat kein Holzbein.
3. Er hat kein Schwert.

Aufgabe 2:

1. Er hat ein Holzbein.
2. Er hat keine Augenklappe.
3. Er hat kein Schwert.

Schatzinsel

Lehrerblatt **3. Klasse: 12b**

Der Pirat Rotbart besitzt eine Seekarte, auf der 4 Inseln verzeichnet sind. Die Inseln sind alle verschieden groß. Die Karte ist schon so verblichen, dass man die Inselnamen nicht mehr lesen kann.

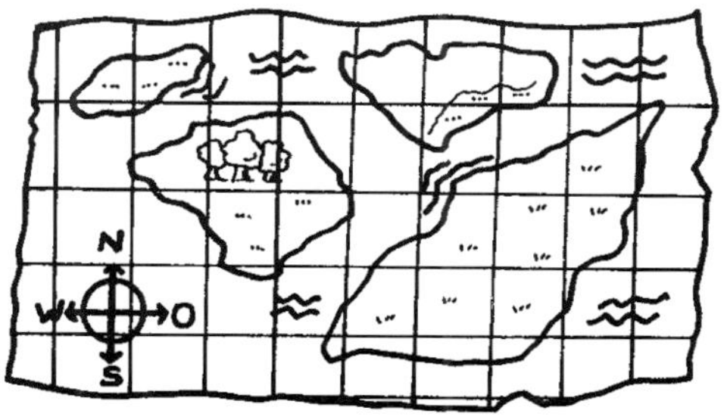

In einem alten Buch findet Rotbart die folgenden Informationen über die Inseln:

1. Die Totenkopfinsel ist die größte der vier.
2. Die Seeräuberinsel ist größer als die Säbelinsel, aber kleiner als die Knocheninsel.
3. Auf der zweitgrößten Insel liegt ein Schatz vergraben.

Kannst du mit Hilfe dieser Anhaltspunkte die Inseln auf der Karte beschriften und Rotbart mitteilen, wie die Schatzinsel heißt?

Verstehe die Aufgabe

- **Wie viele Inseln sind auf Rotbarts Seekarte verzeichnet?** *(4)*
- **Was ist mit der Seekarte nicht in Ordnung?** *(Die Inselnamen sind unleserlich.)*
- **Wie heißen diese Inseln?** *(Totenkopfinsel, Seeräuberinsel, Säbelinsel und Knocheninsel)*
- **Ist die Seeräuberinsel größer als die Totenkopfinsel?** *(nein)*
- **Ist die Seeräuberinsel größer als die Säbelinsel?** *(ja)*
- **Welche Insel ist größer: die Seeräuberinsel oder die Knocheninsel?** *(die Knocheninsel)*
- **Was versuchst du herauszufinden?** *(Welche Insel auf der Karte welchen Namen trägt und wie die Schatzinsel heißt.)*

Plane die Lösung

- **Schreibe „Totenkopfinsel" unter die größte Insel auf der Karte.**
- **Ist die Säbelinsel kleiner als die Seeräuberinsel?** *(ja)*
- **Ist die Säbelinsel kleiner als die Knocheninsel?** *(ja)* **Beschrifte die richtige Insel mit dem Namen „Säbelinsel".**
- **Wie viele Inseln sind jetzt noch unbeschriftet?** *(2)* **Welche von den beiden ist größer, die Knocheninsel oder die Seeräuberinsel?** *(die Knocheninsel)*
- **Beschrifte nun die beiden letzten Inseln mit dem richtigen Namen.**

Löse die Aufgabe

Denke logisch.

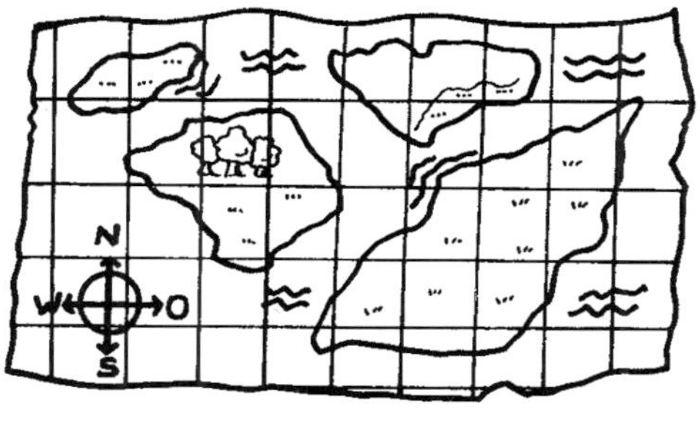

größte Insel: Totenkopfinsel

zweitgrößte Insel: Knocheninsel

drittgrößte Insel: Seeräuberinsel

kleinste Insel: Säbelinsel

Die Schatzinsel heißt Knocheninsel.

Zusatzaufgabe

Angenommen, die Totenkopfinsel ist die kleinste der vier.

Auf welcher Insel ist der vergrabene Schatz in diesem Fall zu finden?

(Er ist auf der Seeräuberinsel zu finden.)

Schatzinsel

Arbeitsblatt 3. Klasse: 12b

Der Pirat Rotbart besitzt eine Seekarte, auf der 4 Inseln verzeichnet sind. Die Inseln sind alle verschieden groß. Die Karte ist schon so verblichen, dass man die Inselnamen nicht mehr lesen kann.

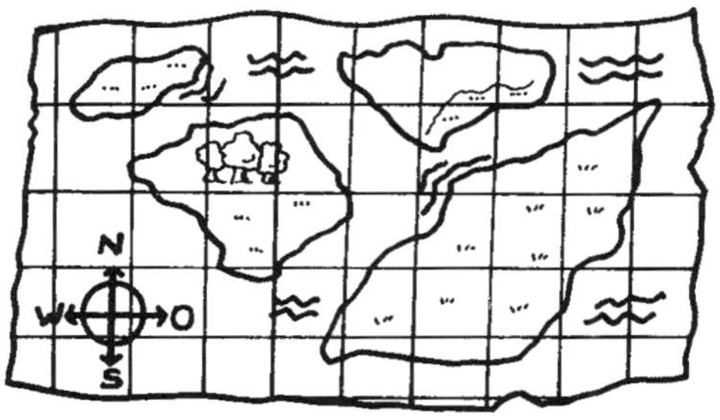

In einem alten Buch findet Rotbart die folgenden Informationen über die Inseln:

1. Die Totenkopfinsel ist die größte der vier.
2. Die Seeräuberinsel ist größer als die Säbelinsel, aber kleiner als die Knocheninsel.
3. Auf der zweitgrößten Insel liegt ein Schatz vergraben.

Kannst du mit Hilfe dieser Anhaltspunkte die Inseln auf der Karte beschriften und Rotbart mitteilen, wie die Schatzinsel heißt?

Verstehe die Aufgabe

Plane die Lösung

Löse die Aufgabe

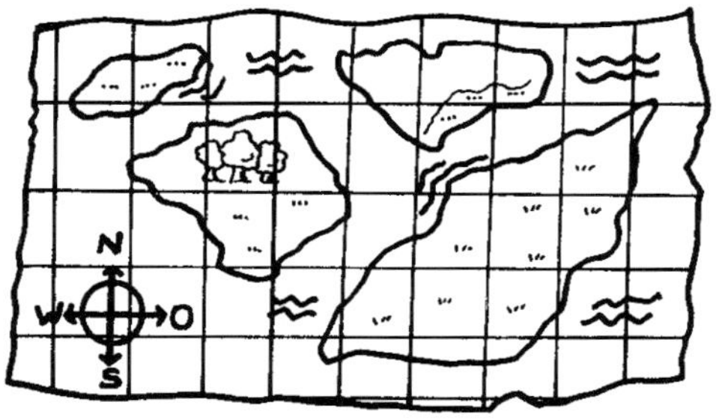

Zusatzaufgabe

Angenommen, die Totenkopfinsel ist die kleinste der vier.

Auf welcher Insel ist der vergrabene Schatz in diesem Fall zu finden?

Dosen und Gläser

Lehrerblatt **3. Klasse: 13a**

Caro soll im Lebensmittelgeschäft eine Dosensuppe und ein Glas Marmelade kaufen. Du siehst auf dem Bild, dass es nur 3 Sorten Suppe und 2 Sorten Marmelade gibt.
Caro hat also 6 verschiedene Auswahlmöglichkeiten. Sie könnte beispielsweise eine Dose Gemüsesuppe und eine Glas Erdbeermarmelade kaufen. Welche 5 weiteren Möglichkeiten hat sie?

Mache eine Aufstellung aller Möglichkeiten.

Verstehe die Aufgabe

- **Wohin soll Caro gehen?** *(ins Lebensmittelgeschäft)*
- **Soll sie dort 2 Dosensuppen kaufen?** *(nein)* **Oder 2 Gläser Marmelade?** *(nein)*
- **Was soll sie besorgen?** *(1 Dosensuppe und 1 Glas Marmelade)*
- **Welche Suppensorten hat sie zur Auswahl?** *(Gemüse, Huhn, Tomate)*
- **Welche Marmeladensorten hat sie zur Auswahl?** *(Erdbeere, Himbeere)*
- **Wie viele Auswahlmöglichkeiten hat sie?** *(6)*

Plane die Lösung

- **Suche dir eine Suppensorte und eine Marmeladensorte aus.**
  Schreibe die ausgewählten Begriffe auf.
  Kannst du nun mit der Suppe, die du ausgesucht hast, eine andere Sorte Marmelade kombinieren?
- **Nenne eine Marmeladensorte, die Caro auswählen kann, egal, welche Suppe sie dazu nimmt.**
  (Erdbeere oder Himbeere)
  Kannst du nun die zweite Marmeladensorte nennen? *(Himbeere oder Erdbeere)*

Löse die Aufgabe

Mache eine geordnete Aufstellung.

Gemüse	**Erdbeere**
Gemüse	**Himbeere**

Huhn	**Erdbeere**
Huhn	**Himbeere**

Tomate	**Erdbeere**
Tomate	**Himbeere**

Zusatzaufgabe

Angenommen, es gibt zusätzlich noch Pilzsuppe.
Wie viele Auswahlmöglichkeiten hat Caro nun? *(8)*

Dosen und Gläser Arbeitsblatt 3. Klasse: 13a

Caro soll im Lebensmittelgeschäft eine Dosensuppe und ein Glas Marmelade kaufen. Du siehst auf dem Bild, dass es nur 3 Sorten Suppe und 2 Sorten Marmelade gibt.
Caro hat also 6 verschiedene Auswahlmöglichkeiten. Sie könnte beispielsweise eine Dose Gemüsesuppe und eine Glas Erdbeermarmelade kaufen. Welche 5 weiteren Möglichkeiten hat sie?

Mache eine Aufstellung aller Möglichkeiten.

Verstehe die Aufgabe

Plane die Lösung

Löse die Aufgabe

Zusatzaufgabe

Angenommen, es gibt zusätzlich noch Pilzsuppe.

Wie viele Auswahlmöglichkeiten hat Caro nun?

Sportsachen

Lehrerblatt **3. Klasse: 13b**

Ein andermal kauft sich Caro bei einem Sonderverkauf im Sportgeschäft 3 von den 6 Sachen auf dem Bild von ihrem ersparten Geld. Sie gibt insgesamt 18 € dafür aus.

T-Shirt: 4 €	**Rucksack: 7 €**	**Sweatshirt: 9 €**
Baseballkappe: 3 €	**Badeanzug: 5 €**	**Jogginghose: 8 €**

Welche 3 Sachen kauft Caro?

Verstehe die Aufgabe

- **Warum geht Caro ins Sportgeschäft?** *(Um ihr erspartes Geld auszugeben.)*
- **Wie viele Sachen kauft sie dort?** *(3)*
- **Wie viel gibt sie insgesamt aus?** *(18 €)*
- **Wie viel kostet der Badeanzug?** *(5 €)*
- **Welche Ware kostet 3 €?** *(die Baseballmütze)*
- **Was versuchen wir herauszufinden?** *(Welche 3 Sachen Caro kauft.)*

Plane die Lösung

- **Könnte Caro das Sweatshirt, die Jogginghose und die Baseballmütze kaufen?** *(Nein, denn sie gibt nur 18 € aus.)*
- **Kannst du zuerst schätzen, welche Sachen sie wahrscheinlich kauft und dann deine Schätzung durch Zusammenrechnen überprüfen?** *(s. Lösung)*

Löse die Aufgabe

Versuche und verbessere.

- **Versuche es mit Sweatshirt, T-Shirt und Rucksack: 9 + 4 + 7 = 20** *(Ergebnis zu hoch)*
- **Versuche es mit Badeanzug, Baseballmütze und Rucksack: 5 + 3 + 7 = 15** *(Ergebnis zu niedrig)*
- **Versuche es mit Jogginghose, Rucksack und Baseballmütze: 8 + 7 + 3 = 18** *(richtig)*
- **Versuche es mit Sweatshirt, Badeanzug und T-Shirt: 9 + 5 + 4 = 18** *(richtig)*

Caro könnte 2 verschiedene Kombinationen kaufen:

(1) Jogginghose, Rucksack und Baseballmütze

(2) Sweatshirt, Badeanzug und T-Shirt.

Zusatzaufgabe

Angenommen, sie kauft 3 Sachen, bezahlt aber 22 €.

Welche Sachen sind es dann?

(Sweatshirt, Jogginghose, Badeanzug)

Sportsachen

Arbeitsblatt 3. Klasse: 13b

Ein andermal kauft sich Caro bei einem Sonderverkauf im Sportgeschäft 3 von den 6 Sachen auf dem Bild von ihrem ersparten Geld. Sie gibt insgesamt 18 € dafür aus.

T-Shirt: 4 €	**Rucksack: 7 €**	**Sweatshirt: 9 €**
Baseballkappe: 3 €	**Badeanzug: 5 €**	**Jogginghose: 8 €**

Welche 3 Sachen kauft Caro?

Verstehe die Aufgabe

Plane die Lösung

Löse die Aufgabe

Zusatzaufgabe

Angenommen, sie kauft 3 Sachen, bezahlt aber 22 €.

Welche Sachen sind es dann?

Stickeralbum

Lehrerblatt **3. Klasse: 14a**

Am Samstag bekommt Marlene ein neues Stickeralbum und 5 Sticker dazu. Danach geht Marlene 7 Tage ins Geschäft und kauft sich dort jeden Tag 4 neue Sticker.
Wie viele Sticker hat Marlene nach Ablauf der 7 Tage insgesamt in ihrem Album?
Stelle die Tabelle fertig um einen Überblick zu bekommen.

Tag	Sa	So	Mo	Di	Mi	Do	Fr	Sa
Anzahl der Sticker	5	9	13					

Verstehe die Aufgabe

- **Was sammelt Marlene?** *(Sticker für ihr Album)*
- **Mit wie vielen Stickern beginnt sie?** *(5)*
- **Wie viele neue Sticker kauft sie jeden Tag?** *(4)*
- **Wie viele Tage lang macht sie das?** *(7)*
- **Was versuchen wir herauszufinden?** *(Wie viele Sticker Marlene nach Ablauf der 7 Tage hat.)*

Plane die Lösung

- **Was gibt die 1. Tabellenzeile an?** *(die Namen der Tage)*
- **Was gibt die 2. Zeile an?** *(Wie viele Sticker Marlene am jeweiligen Tag insgesamt hat.)*
- **Wie viele Sticker hat Marlene am Sonntag?** *(9)*
- **Wie viele Sticker hat Marlene dann am Dienstag?** *(17)*
  Wie hast du das ausgerechnet? *(4 zu 13 dazugezählt.)*
- **Wie findest du die Anzahl der Sticker für jeden weiteren Tag?** *(Immer 4 zum Ergebnis des vorhergehenden Tages dazuzählen.)*

Löse die Aufgabe

Stelle die Tabelle fertig/Suche ein Muster.

Tag	Sa	So	Mo	Di	Mi	Do	Fr	Sa
Anzahl der Sticker	5	9	13	*17*	*21*	*25*	*29*	*33*

Nach Ablauf der 7 Tage hat Marlene insgesamt 33 Sticker.

Zusatzaufgabe

Angenommen, Marlene kauft sich jeden Tag nur 3 neue Sticker.

Wie viele Sticker wird sie dann insgesamt am Mittwoch der nächsten Woche haben? *(38)*

Stickeralbum

Arbeitsblatt 3. Klasse: 14a

Am Samstag bekommt Marlene ein neues Stickeralbum und 5 Sticker dazu. Danach geht Marlene 7 Tage ins Geschäft und kauft sich dort jeden Tag 4 neue Sticker.
Wie viele Sticker hat Marlene nach Ablauf der 7 Tage insgesamt in ihrem Album?
Stelle die Tabelle fertig um einen Überblick zu bekommen.

Tag	Sa	So	Mo	Di	Mi	Do	Fr	Sa
Anzahl der Sticker	5	9	13					

Verstehe die Aufgabe

Plane die Lösung

Löse die Aufgabe

Tag	Sa	So	Mo	Di	Mi	Do	Fr	Sa
Anzahl der Sticker	5	9	13					

Zusatzaufgabe

Angenommen, Marlene kauft sich jeden Tag nur 3 neue Sticker.

Wie viele Sticker wird sie dann insgesamt am Mittwoch der nächsten Woche haben?

Stempelmuster

Lehrerblatt **3. Klasse: 14b**

Tamara hat 3 Formenstempel, mit denen sie ein Bandmuster stempelt. Die 3 Formen sind: ein Kreis, ein Quadrat und ein Dreieck.

Tamara fängt ihr Muster so an:

● ● ■ ■ ▲ ● ● ■ ■

Versuche herauszubekommen in welcher Reihenfolge Tamara die Stempel verwendet und zeichne die nächsten 5 Stempelformen dazu.

Verstehe die Aufgabe

- **Was hat Tamara?** *(3 Formenstempel)*
- **Was stempelt Tamara damit?** *(ein Bandmuster)*
- **Welche 3 Formen gibt es?** *(Kreis, Quadrat, Dreieck)*
- **Was sollst du machen?** *(Die nächsten 5 Stempelformen dazuzeichnen.)*

Plane die Lösung

- **Welche Form kommt bei diesem Bandmuster als erste?** *(der Kreis)* **Als zweite?** *(noch ein Kreis)* **Als dritte?** *(das Quadrat)* **Als vierte?** *(noch ein Quadrat)* **Als fünfte?** *(das Dreieck)*
- **Welche Reihenfolge kannst du erkennen?** *(2 Kreise, 2 Quadrate, 1 Dreieck)*
- **Welche Form kommt nun als nächste?** *(ein Dreieck)*

Löse die Aufgabe

Suche ein Muster.

● ● ■ ■ ▲ ● ● ■ ■ ▲ ● ● ■ ■

Zusatzaufgabe

Zeichne bei diesem Bandmuster die nächsten 4 Formen.

▲ ▲ ■ ▲ ▲ ● ▲ ▲ ■ ▲ ▲ ● ▲

Stempelmuster

Arbeitsblatt **3. Klasse: 14b**

Tamara hat 3 Formenstempel, mit denen sie ein Bandmuster stempelt. Die 3 Formen sind: ein Kreis, ein Quadrat und ein Dreieck.

Tamara fängt ihr Muster so an:

● ● ■ ■ ▲ ● ● ■ ■

Versuche herauszubekommen in welcher Reihenfolge Tamara die Stempel verwendet und zeichne die nächsten 5 Stempelformen dazu.

Verstehe die Aufgabe

Plane die Lösung

Löse die Aufgabe

● ● ■ ■ ▲ ● ● ■ ■

Zusatzaufgabe

Zeichne bei diesem Bandmuster die nächsten 4 Formen.

▲ ▲ ■ ▲ ▲ ● ▲ ▲ ■

Reihenaufstellung Lehrerblatt 3. Klasse: 15a

In der Sportstunde sollen sich die Jungen der 3. Klasse in Viererreihen aufstellen. David, Willi, Max und Jonas sind in einer Vierergruppe. Max steht ganz vorn, Willi steht hinter Jonas und David steht vor Jonas.

Schreibe die Namen der Jungen unter ihre Bilder weiter unten auf deinem Blatt.

Verstehe die Aufgabe

- **Was sollen David, Willi, Max und Jonas machen?** *(Sich in einer Viererreihe aufstellen.)*
- **Wer steht ganz vorn?** *(Max)*
- **Was wissen wir über Willi?** *(Er steht hinter Jonas.)*
- **Was wissen wir über David?** *(Er steht vor Jonas.)*
- **Was versuchen wir herauszufinden?** *(Welcher Name zu welchem Bild gehört.)*

Plane die Lösung

- **Schreibe den Namen Max unter den ersten Jungen.**
- **Wer steht hinter Max?** *(David, weil er vor Jonas steht und Jonas steht vor Willi.)*
- **Wer steht hinter David?** *(Jonas, weil er vor Willi steht.)*
- **Wer steht ganz hinten?** *(Willi, weil Jonas vor ihm steht und weil David vor Jonas steht.)*

Löse die Aufgabe

Denke logisch.

Max	*David*	*Jonas*	*Willi*

Zusatzaufgabe

Angenommen, Willi stellt sich nach dem ersten Spiel woanders hin, nämlich vor David.

Wer steht nun ganz hinten?

Nun steht Jonas ganz hinten.

Reihenaufstellung Arbeitsblatt 3. Klasse: 15a

In der Sportstunde sollen sich die Jungen der 3. Klasse in Viererreihen aufstellen. David, Willi, Max und Jonas sind in einer Vierergruppe. Max steht ganz vorn, Willi steht hinter Jonas und David steht vor Jonas.

Schreibe die Namen der Jungen unter ihre Bilder weiter unten auf deinem Blatt.

Verstehe die Aufgabe

Plane die Lösung

Löse die Aufgabe

Zusatzaufgabe

Angenommen, Willi stellt sich nach dem ersten Spiel woanders hin, nämlich vor David.

Wer steht nun ganz hinten?

Trikotnummern

Lehrerblatt **3. Klasse: 15b**

Nach der Sportstunde helfen David, Willi, Max und Jonas beim Sortieren der Trikots. Die Jungen nehmen zuerst drei Trikots aus der Kiste; jedes Trikot hat eine andere Farbe: eins ist rot, das andere blau und das dritte gelb. Die Jungen bemerken auch, dass jedes Trikot eine Rückennummer trägt. Die 3 Nummern sind 9, 5 und 7. Das Trikot mit der Nummer 9 ist weder rot noch gelb. Das mit der Nummer 7 ist nicht gelb.

Male jedes Trikot in der richtigen Farbe an.

Verstehe die Aufgabe

- **Wie viele Trikots nehmen die Jungen zuerst aus der Kiste?** *(3)*
- **Haben alle Trikots die gleiche Farbe?** *(nein)*
- **Welche Farben haben sie?** *(rot, blau, gelb)*
- **Was ist auf dem Rücken der Trikots?** *(Nummern) Welche? (9, 5 und 7)*
- **Welche Trikots tragen nicht die Nummer 9?** *(das rote und das gelbe)*
- **Welches Trikot trägt nicht die Nummer 7?** *(das gelbe)*

Plane die Lösung

- **Welche Farbe muss das Trikot mit der Nummer 9 haben?** *(Blau, weil es weder rot noch gelb ist.)* **Male es farbig an.**
- **Welche Farbe kann das Trikot mit der Nummer 7 nicht haben?** *(gelb)*
- **Wenn dieses Trikot nicht gelb sein kann, welche Farbe muss es dann haben?** *(rot)*
- **Wenn das Trikot mit der Nummer 9 blau ist und das Trikot mit der Nummer 7 nicht gelb sein kann, welches Trikot ist dann gelb?** *(Das mit der Nummer 5.)*

Löse die Aufgabe

Denke logisch.

5	*7*	*9*
gelb	*rot*	*blau*

Zusatzaufgabe

Auch die nächsten 3 Trikots, die die Jungen aus der Kiste ziehen, sind rot, blau und gelb. Ihre Nummern sind 2, 6 und 10. Das Trikot mit der Nummer 10 ist nicht rot. Das Trikot mit der Nummer 2 ist weder blau noch rot.
Ordne die Trikotfarben den richtigen Nummern zu.

Das Trikot mit der Nummer 2 ist gelb, mit der Nummer 6 rot, mit der Nummer 10 blau.

Trikotnummern

Arbeitsblatt **3. Klasse: 15b**

Nach der Sportstunde helfen David, Willi, Max und Jonas beim Sortieren der Trikots. Die Jungen nehmen zuerst drei Trikots aus der Kiste; jedes Trikot hat eine andere Farbe: eins ist rot, das andere blau und das dritte gelb. Die Jungen bemerken auch, dass jedes Trikot eine Rückennummer trägt. Die 3 Nummern sind 9, 5 und 7. Das Trikot mit der Nummer 9 ist weder rot noch gelb. Das mit der Nummer 7 ist nicht gelb.

Male jedes Trikot in der richtigen Farbe an.

Verstehe die Aufgabe

Plane die Lösung

Löse die Aufgabe

Zusatzaufgabe

Auch die nächsten 3 Trikots, die die Jungen aus der Kiste ziehen, sind rot, blau und gelb. Ihre Nummern sind 2, 6 und 10. Das Trikot mit der Nummer 10 ist nicht rot. Das Trikot mit der Nummer 2 ist weder blau noch rot.
Ordne die Trikotfarben den richtigen Nummern zu.

Zugstrecken

Lehrerblatt **3. Klasse: 16a**

Auf dem Jahrmarkt kannst du den Weg vom Riesenrad bis zur Achterbahn mit einem Minizug zurücklegen. Es gibt 8 verschiedene Wege vom Riesenrad zur Achterbahn.

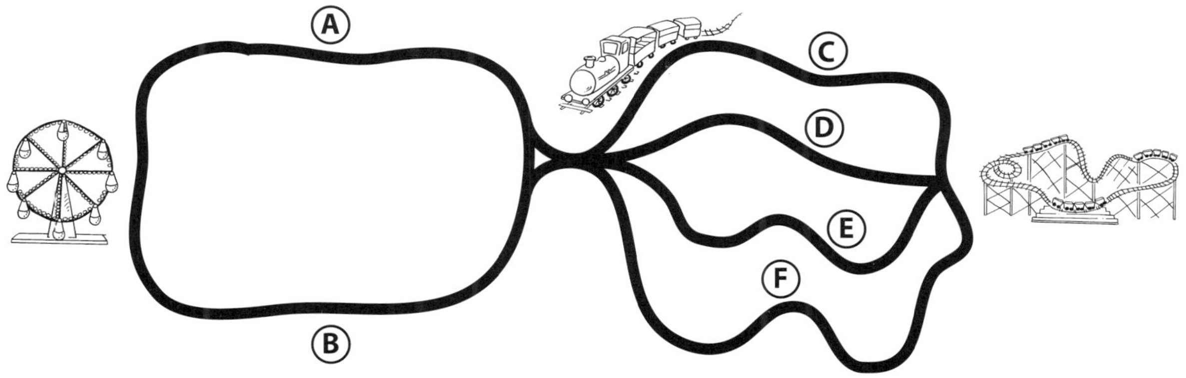

Den ersten Weg findest du auf deinem Blatt weiter unten beschrieben.
Trage die anderen 7 Wege in deine Aufstellung ein.

Verstehe die Aufgabe

- **Mit welchem Verkehrsmittel kannst du vom Riesenrad bis zur Achterbahn fahren?** *(mit dem Minizug)*
- **Wie viele Wege vom Riesenrad zur Achterbahn gibt es insgesamt?** *(8)*
- **Nenne eine Möglichkeit vom Riesenrad zur Achterbahn zu fahren.** *(zuerst Strecke A, dann C)*
- **Was versuchst du herauszufinden?** *(Welche 7 anderen Wege vom Riesenrad zur Achterbahn es gibt.)*

Plane die Lösung

- **Fahre mit dem Finger zuerst Strecke A, dann Strecke C nach.**
- **Welchen anderen Weg gibt es, wenn du wieder zuerst Strecke A wählst?** *(zuerst Strecke A, dann Strecke D)*
- **Wenn der Zug zuerst über Strecke A fährt, welche Strecken kann er dann befahren?** *(C, D, E oder F)*
- **Wenn der Zug zuerst über Strecke B fährt, welche Strecken kann er dann befahren?** *(C, D, E oder F)*

Löse die Aufgabe

Vervollständige eine geordnete Aufstellung.

Erst A, dann C	*Erst A, dann D*	*Erst A, dann E*	*Erst A, dann F*
Erst B, dann C	*Erst B, dann D*	*Erst B, dann E*	*Erst B, dann F*

Zusatzaufgabe

Angenommen, der Gleisplan sieht nun folgendermaßen aus:

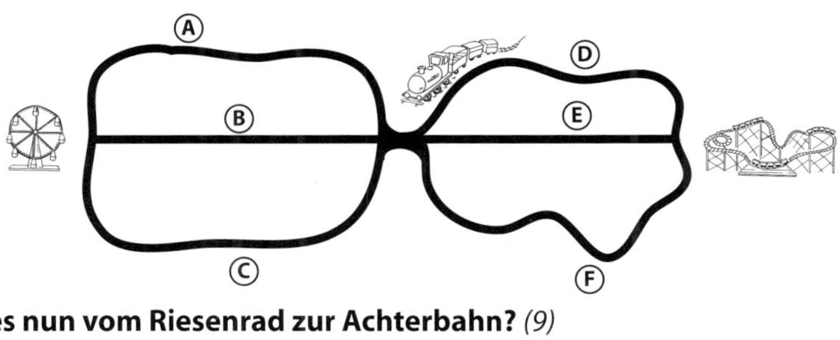

Wie viele Wege gibt es nun vom Riesenrad zur Achterbahn? *(9)*

Zugstrecken

Arbeitsblatt 3. Klasse: 16a

Auf dem Jahrmarkt kannst du den Weg vom Riesenrad bis zur Achterbahn mit einem Minizug zurücklegen. Es gibt 8 verschiedene Wege vom Riesenrad zur Achterbahn.

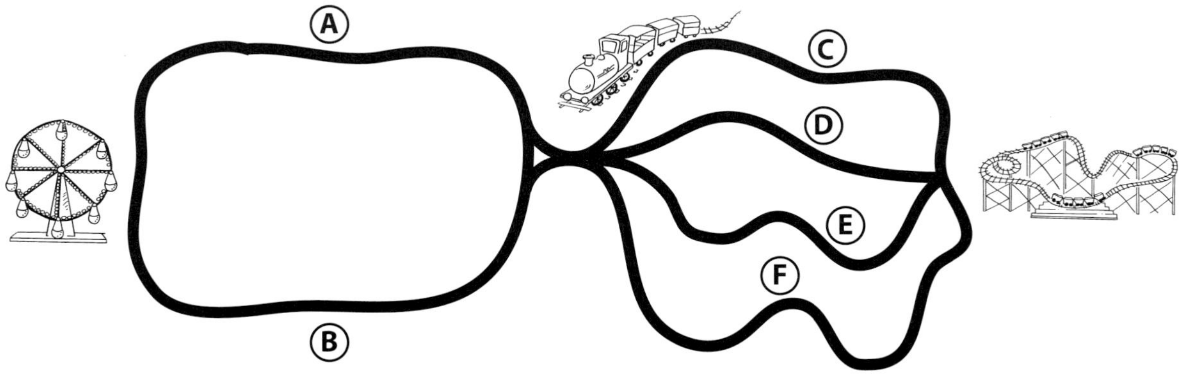

Den ersten Weg findest du auf deinem Blatt weiter unten beschrieben.
Trage die anderen 7 Wege in deine Aufstellung ein.

Verstehe die Aufgabe

Plane die Lösung

Löse die Aufgabe

Vervollständige eine geordnete Aufstellung.

Erst A, dann C; Erst A, dann ___; Erst A, dann ___; Erst A, dann ___;
Erst B, dann ___; Erst B, dann ___; Erst B, dann ___; Erst B, dann ___;

Zusatzaufgabe

Angenommen, der Gleisplan sieht nun folgendermaßen aus:

Wie viele Wege gibt es nun vom Riesenrad zur Achterbahn?

Modellflugzeuge

Lehrerblatt **3. Klasse: 16b**

Fabian sammelt Modellflugzeuge. Im Spielzeuggeschäft kauft er 3 neue Modellpackungen. Insgesamt gibt er 25 € für alle 3 Modelle aus.

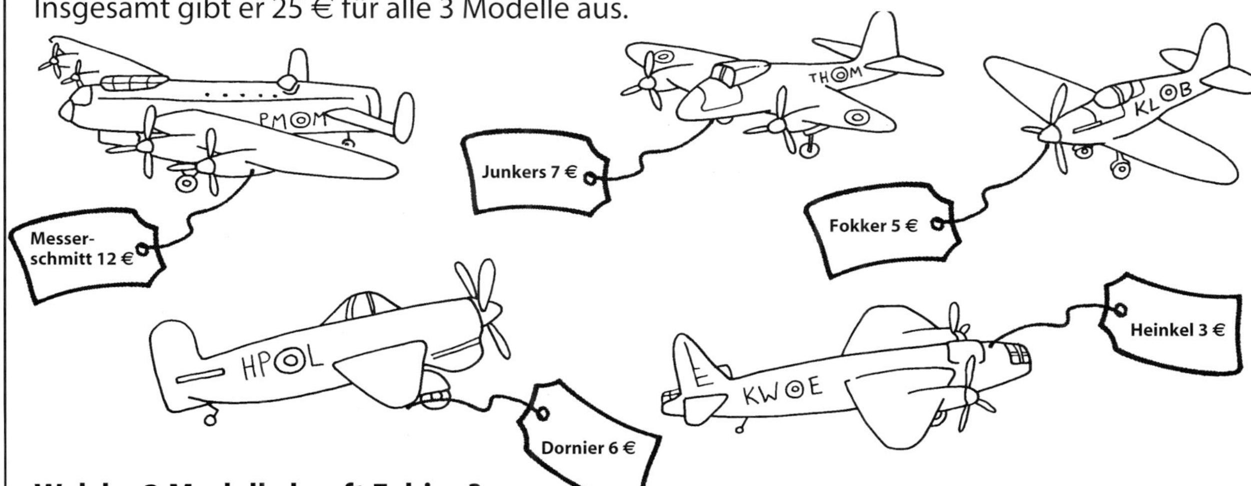

Welche 3 Modelle kauft Fabian?

Verstehe die Aufgabe

- **Wie viele neue Modelle kauft Fabian?** *(3)*
- **Wie viel Geld gibt er insgesamt dafür aus?** *(25 €)*
- **Wie viel kostet die Messerschmitt?** *(12 €)*
- **Welches Modell kostet 7 €?** *(die Junkers)*
- **Was versuchst du herauszufinden?** *(Welche 3 Modelle Fabian kauft.)*

Plane die Lösung

- **Könnten 2 der gekauften Modelle die Messerschmitt und die Heinkel sein?** *(Nein, denn 12 € + 9 € = 21 €, also würde das dritte Modell 4 € kosten.)*
- **Könnten 2 der Modelle die Fokker und die Dornier sein?** *(Nein, denn 5 € + 6 € = 11 €, also würde das dritte Modell 14 € kosten.)*
- **Schätze zuerst, welche 3 Modelle Fabian kauft. Überprüfe deine Schätzung dann durch Nachrechnen.**
- **Wenn eins von Fabians Modellen 12 € kostet, welche beiden anderen Modelle könnte er dann gekauft haben?** *(Die Junkers und die Dornier, denn 25 € – 12 € = 13 € und 7 € + 6 € = 13 €.)*

Löse die Aufgabe

Versuche und verbessere.

- **Versuche es mit 12 € + 9 € + 7 € = 28 €** *(Ergebnis ist zu hoch)*
- **Versuche es mit 12 € + 7 € + 5 € = 24 €** *(Ergebnis ist um 1 zu niedrig, zähle beim nächsten Versuch zu einer Zahl 1 dazu.)*
- **Versuche es mit 12 € + 7 € + 6 € = 25 €** *(richtig)*

Fabian kauft die Messerschmitt, die Junkers und die Dornier.

Zusatzaufgabe

Angenommen, Fabian kauft 3 andere Modelle, für die er insgesamt 20 € ausgibt.

Welche Modelle sind es in diesem Fall?

(Die Messerschmitt, die Fokker und die Heinkel)

Modellflugzeuge

Arbeitsblatt 3. Klasse: 16b

Fabian sammelt Modellflugzeuge. Im Spielzeuggeschäft kauft er 3 neue Modellpackungen. Insgesamt gibt er 25 € für alle 3 Modelle aus.

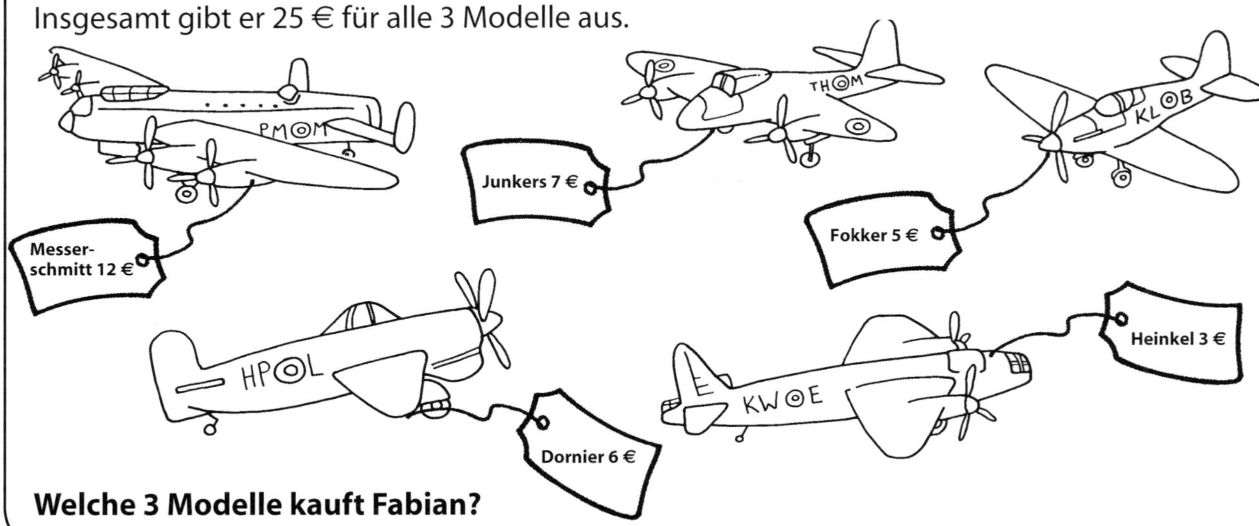

Welche 3 Modelle kauft Fabian?

Verstehe die Aufgabe

Plane die Lösung

Löse die Aufgabe

Zusatzaufgabe

Angenommen, Fabian kauft 3 andere Modelle, für die er insgesamt 20 € ausgibt.

Welche Modelle sind es in diesem Fall?

Burger und Milchgetränke Lehrerblatt 3. Klasse: 17a

Micha macht mit ihrer Mutter einen Einkaufsbummel. Zum Mittagessen gehen sie in einen Schnellimbiss. Die Mutter spendiert Micha einen Burger und ein Milchgetränk.

Burger	*Milchgetränke*
Hamburger	**Erdbeere**
Cheeseburger	**Himbeere**
Chickenburger	**Banane**

Micha hat 9 verschiedene Auswahlmöglichkeiten. 2 Möglichkeiten sind angegeben. Mache die Aufstellung fertig um alle Möglichkeiten aufzuzeigen.

Verstehe die Aufgabe

- **Was bekommt Micha von ihrer Mutter spendiert?** *(einen Burger und ein Milchgetränk)*
- **Welche Burger hat sie zur Auswahl?** *(Hamburger, Cheeseburger und Chickenburger)*
- **Welche Milchgetränke hat sie zur Auswahl?** *(Erdbeere, Himbeere und Banane)*
- **Was versuchst du herauszufinden?** *(Welche die 9 Auswahlmöglichkeiten für Micha sind.)*

Plane die Lösung

- **Schaue dir die beiden Möglichkeiten an, die auf deinem Blatt angegeben sind. Welche Möglichkeit könntest du als nächste hinschreiben?** *(Hamburger – Banane)*
- **Wie viele verschiedene Möglichkeiten gibt es, wenn Micha einen Hamburger wählt?** *(3)*
- **Kannst du alle Auswahlmöglichkeiten hinschreiben, wenn Micha einen Cheeseburger aussucht?**
- **Liste nun alle Möglichkeiten auf, wenn sie einen Chickenburger aussucht.**

Löse die Aufgabe

Vervollständige eine geordnete Aufstellung.

Hamburger – Erdbeere	*Cheeseburger – Erdbeere*	*Chickenburger – Erdbeere*
Hamburger – Himbeere	*Cheeseburger – Himbeere*	*Chickenburger – Himbeere*
Hamburger – Banane	*Cheeseburger – Banane*	*Chickenburger – Banane*

Zusatzaufgabe

Angenommen, es gäbe noch zusätzlich Schokoladenmilch zur Auswahl.
Liste auf, welche weiteren Auswahlmöglichkeiten Micha nun hat.

Hamburger – Schokolade	*Cheeseburger – Schokolade*	*Chickenburger –Schokolade*

Burger und Milchgetränke Arbeitsblatt 3. Klasse: 17a

Micha macht mit ihrer Mutter einen Einkaufsbummel. Zum Mittagessen gehen sie in einen Schnellimbiss. Die Mutter spendiert Micha einen Burger und ein Milchgetränk.

Burger	***Milchgetränke***
Hamburger	**Erdbeere**
Cheeseburger	**Himbeere**
Chickenburger	**Banane**

Micha hat 9 verschiedene Auswahlmöglichkeiten. 2 Möglichkeiten sind angegeben. Mache die Aufstellung fertig um alle Möglichkeiten aufzuzeigen.

Verstehe die Aufgabe

Plane die Lösung

Löse die Aufgabe

Vervollständige eine geordnete Aufstellung.

Hamburger – Erdbeere

Hamburger – Himbeere

Zusatzaufgabe

Angenommen, es gäbe noch zusätzlich Schokoladenmilch zur Auswahl.

Liste auf, welche weiteren Auswahlmöglichkeiten Micha nun hat.

Zielschießen

Lehrerblatt **3. Klasse: 17b**

Micha macht auf dem Sommerfest der Schule beim Zielschießen mit. Sie hat für 20 ct 3 Versuche mit einem Golfball durch die Löcher der Zielwand zu treffen. Für jedes Loch gibt es eine andere Anzahl von Punkten. Wenn man nach 3 Versuchen mehr als 60 Punkte erreicht, bekommt man einen Preis. Micha schafft 70 Punkte.

Sie schlägt den Ball durch 3 verschiedene Löcher. Durch welche Löcher trifft sie?

Verstehe die Aufgabe

- **Was ist Michas Aufgabe beim Zielschießen?** *(Mit einem Golfball durch die Löcher einer Zielwand zu treffen.)*
- **Wie viele Bälle schlägt Micha ins Ziel?** *(3)*
- **Wann gewinnt man einen Preis?** *(Wenn man mehr als 60 Punkte erreicht.)*
- **Wie viele Punkte schafft Micha?** *(70)*
- **Schlägt sie zwei Golfbälle durch dasselbe Loch?** *(nein)*
- **Was versuchst du herauszufinden?** *(Durch welche 3 Löcher Micha ihre drei Bälle schlägt.)*

Plane die Lösung

- **Trifft Micha mit 2 von 3 Bällen einmal durch das 30-Punkte-Loch und einmal durch das 10-Punkte-Loch?** *(nein)*
- **Kannst du vermuten, durch welche 3 Löcher Micha getroffen hat, und deine Vermutung dann durch Nachrechnen überprüfen?**

Löse die Aufgabe

Versuche und verbessere.

- **Versuche es mit 10 + 20 + 30 = 60** *(Ergebnis um 10 zu niedrig)*
- **Versuche es mit 20 + 25 + 30 = 75** *(Ergebnis um 5 zu hoch, von einer der Zahlen 5 abziehen)*
- **Versuche es mit 15 + 25 + 30 = 70** *(richtig)*
- **Versuche es mit 10 + 15 + 45 = 70** *(richtig)*

Micha schlägt ihre 3 Bälle entweder durch die 15-, 25- und 30-Punkte-Löcher oder durch die 10-, 15- und 45-Punkte-Löcher.

Zusatzaufgabe

Bei der nächsten Runde trifft Micha 2-mal durch dasselbe Loch und das dritte Mal durch ein anderes Loch. Insgesamt erreicht sie 85 Punkte.

Durch welche Löcher schlägt Micha ihre 3 Bälle nun?

2-mal durch das 30-Punkte-Loch und 1-mal durch das 25-Punkte-Loch oder
2-mal durch das 20-Punkte-Loch und 1-mal durch das 45-Punkte-Loch

Zielschießen

Arbeitsblatt 3. Klasse: 17b

Micha macht auf dem Sommerfest der Schule beim Zielschießen mit. Sie hat für 20 ct 3 Versuche mit einem Golfball durch die Löcher der Zielwand zu treffen. Für jedes Loch gibt es eine andere Anzahl von Punkten. Wenn man nach 3 Versuchen mehr als 60 Punkte erreicht, bekommt man einen Preis. Micha schafft 70 Punkte.

Sie schlägt den Ball durch 3 verschiedene Löcher. Durch welche Löcher trifft sie?

Verstehe die Aufgabe

Plane die Lösung

Löse die Aufgabe

Zusatzaufgabe

Bei der nächsten Runde trifft Micha 2-mal durch dasselbe Loch und das dritte Mal durch ein anderes Loch. Insgesamt erreicht sie 85 Punkte.

Durch welche Löcher schlägt Micha ihre 3 Bälle nun?

Wo ist Pia?

Lehrerblatt **3. Klasse: 18a**

Angela ist auf der Suche nach ihrer Freundin Pia. Pias Vater sagt, dass er sie vom Parkweg aus zwischen dem Baum und dem Spielplatz gesehen hat, aber dass sie nicht zwischen dem Teich und dem Spielplatz war.

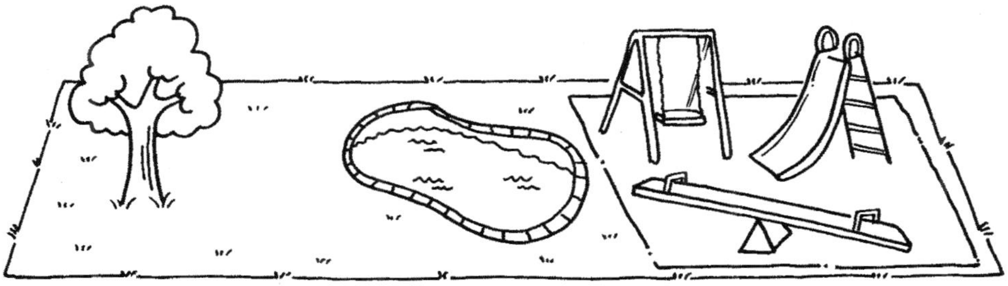

Bestimme mit Hilfe dieser Hinweise, wo Angela Pia finden kann.

Verstehe die Aufgabe

- **Wen sucht Angela?** *(ihre Freundin Pia)*
- **Wer hat Pia gesehen?** *(Pias Vater)*
- **Hat Pias Vater Pia gesehen?** *(ja)*
- **Zwischen welchen Orten hat ihr Vater sie gesehen?** *(zwischen dem Baum und dem Spielplatz)*
- **Zwischen welchen Orten hat er sie nicht gesehen?** *(zwischen dem Teich und dem Spielplatz)*
- **Was versuchst du herauszufinden?** *(Wo Angela Pia finden kann.)*

Plane die Lösung

- **Pias Vater sagt, dass er sie zwischen dem Baum und dem Spielplatz gesehen hat. Wenn sie aber nicht zwischen dem Teich und dem Spielplatz war, wo war sie dann?** *(zwischen dem Baum und dem Teich)*
- **Zeige auf dem Bild die Stelle, an der Pia zu finden ist.** *(zwischen dem Baum und dem Teich)*

Löse die Aufgabe

Zeichne ein Bild.

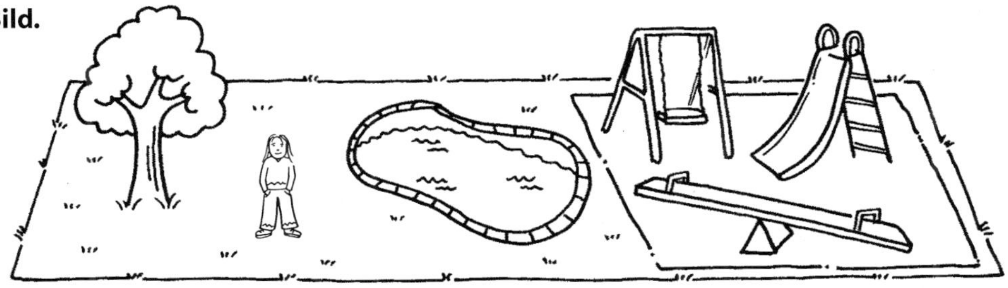

Angela kann Pia zwischen dem Baum und dem Teich finden.

Zusatzaufgabe

Angenommen, Pias Vater sagt, dass er sie zwischen dem Baum und dem Spielplatz, aber nicht zwischen dem Baum und dem Teich gesehen hat.

Wo ist Pia dann zu finden?

Zwischen dem Teich und dem Spielplatz.

Wo ist Pia?

Arbeitsblatt **3. Klasse: 18a**

Angela ist auf der Suche nach ihrer Freundin Pia. Pias Vater sagt, dass er sie vom Parkweg aus zwischen dem Baum und dem Spielplatz gesehen hat, aber dass sie nicht zwischen dem Teich und dem Spielplatz war.

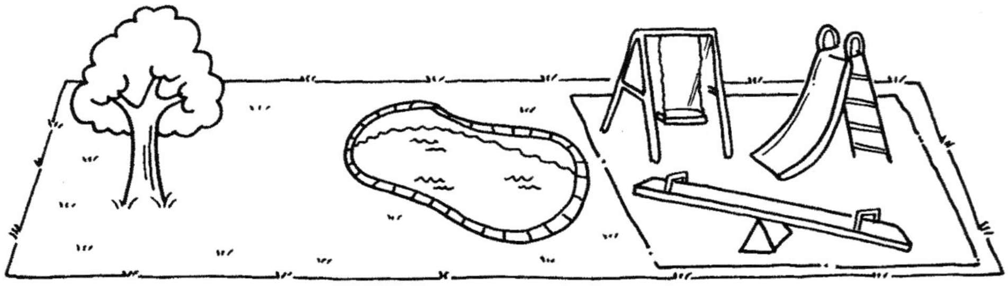

Bestimme mit Hilfe dieser Hinweise, wo Angela Pia finden kann.

Verstehe die Aufgabe

Plane die Lösung

Löse die Aufgabe

Zeichne ein Bild.

Zusatzaufgabe

Angenommen, Pias Vater sagt, dass er sie zwischen dem Baum und dem Spielplatz, aber nicht zwischen dem Baum und dem Teich gesehen hat.

Wo ist Pia dann zu finden?

Wo wohnt Angela? Lehrerblatt 3. Klasse: 18b

Pia möchte ihre Freundin Angela besuchen, die in einem Hochhaus mit 20 Stockwerken wohnt. Pia weiß nicht, in welchem Stock Angelas Wohnung ist. Vor dem Hochhaus trifft sie Angelas Bruder und fragt ihn, in welchem Stockwerk sie wohnen. Er sagt, sie wohnen über dem 10. Stock und unter dem 13. Stock. Er erzählt ihr auch, dass das richtige Stockwerk eine gerade Zahl hat.

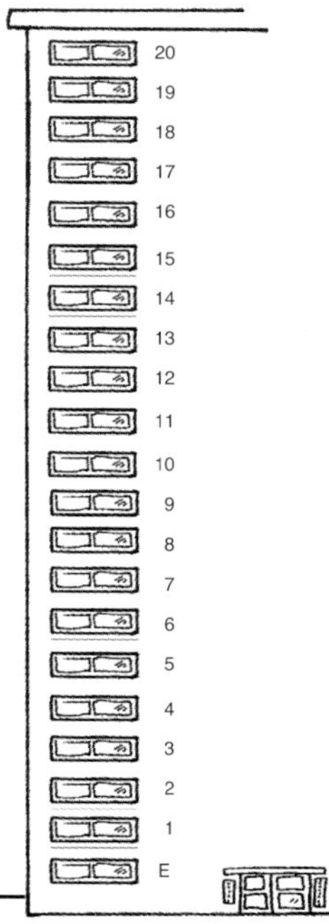

Bestimme mit Hilfe dieser Anhaltspunkte, in welchem Stock Angela wohnt.

Verstehe die Aufgabe

- **Was möchte Pia machen?** *(Ihre Freundin Angela besuchen.)*
- **Wo wohnt Angela?** *(in einem Hochhaus mit 20 Stockwerken)*
- **Was weiß Pia nicht?** *(In welchem Stockwerk Angela wohnt.)*
- **Angelas Bruder sagt, dass sie über dem wievielten Stock wohnen?** *(10.)*
- **Dann sagt er noch, dass sie unter dem wievielten Stock wohnen?** *(13.)*
- **Hat das richtige Stockwerk eine gerade oder ungerade Zahl?** *(gerade)*
- **Was versuchst du herauszufinden?** *(In welchem Stock Angela wohnt.)*

Plane die Lösung

- **Angelas Wohnung liegt über dem 10. Stockwerk. Streiche auf dem Bild 10 und alle Zahlen darunter durch.**
- **Angelas Wohnung liegt unter dem 13. Stockwerk. Streiche 13 und alle Zahlen darüber durch.**
- **Welche Stockwerke bleiben noch übrig?** *(11 und 12)* **Welche dieser beiden Zahlen ist gerade?** *(12)*

Löse die Aufgabe

Denke logisch.

~~E 1 2 3 4 5 6 7 8 9 10~~ 11 **12** ~~13 14 15 16 17 18 19 20~~

Angela wohnt im 12. Stock.

Zusatzaufgabe

Angelas Cousin wohnt im selben Hochhaus. Sein Stockwerk hat eine ungerade Zahl und liegt über dem 15. Stock und unter dem 18. Stock.

In welchem Stock wohnt Angelas Cousin?

Er wohnt im 17. Stock.

Wo wohnt Angela? Arbeitsblatt **3. Klasse: 18b**

Pia möchte ihre Freundin Angela besuchen, die in einem Hochhaus mit 20 Stockwerken wohnt. Pia weiß nicht, in welchem Stock Angelas Wohnung ist. Vor dem Hochhaus trifft sie Angelas Bruder und fragt ihn, in welchem Stockwerk sie wohnen. Er sagt, sie wohnen über dem 10. Stock und unter dem 13. Stock. Er erzählt ihr auch, dass das richtige Stockwerk eine gerade Zahl hat.

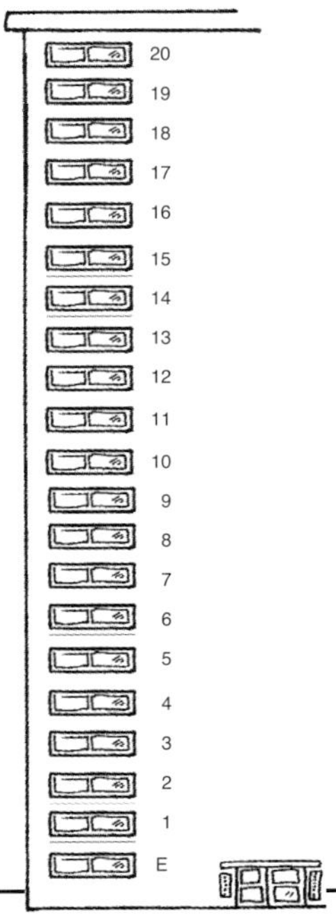

Bestimme mit Hilfe dieser Anhaltspunkte, in welchem Stock Angela wohnt.

Verstehe die Aufgabe

Plane die Lösung

Löse die Aufgabe

Denke logisch.

Zusatzaufgabe

Angelas Cousin wohnt im selben Hochhaus. Sein Stockwerk hat eine ungerade Zahl und liegt über dem 15. Stock und unter dem 18. Stock.

In welchem Stock wohnt Angelas Cousin?

Aufgabenlösungsprogramm – 4. Jahrgangsstufe

Zielsetzungen für die 4. Jahrgangsstufe

Zahlen und das Zahlensystem

Zählen, Eigenschaften von Zahlen und Zahlenfolgen

• Ganze Zahlen mindestens im Zahlenraum bis 10 000 in Ziffern und Worten lesen und schreiben; wissen was jeder Stellenwert repräsentiert; Zahlen in Tausender, Hunderter, Zehner und Einer aufteilen.	11b 12a
• Begriffe des Vergleichens und Einordnens von Zahlen lesen und schreiben. Symbole, einschließlich „kleiner als"(<), größer als" (>) und „ist gleich" (=), richtig verwenden. Eine oder mehrere Zahlen bestimmen, die zwischen zwei gegebenen Zahlen liegen, und eine Reihe ganzer Zahlen im Zahlenraum bis 10 000 der Größe nach ordnen.	12b 16a

Eigenschaften von Zahlen und Zahlenfolgen

• Zahlenfolgen, die von jeder beliebigen Zahl an durch Weiterzählen in Schritten gleicher Größe gebildet werden, erkennen und erweitern, beim Zurückzählen auch über Null hinaus; beispielsweise in 25er-Schritten bis 500 zählen und wieder zurück bis 100.	3b 5a 8a 8b 10a 11a 15b 17a 18a 18b
• Gerade und ungerade Zahlen bis 1000 und einige ihrer Eigenschaften, einschließlich der Additions- oder Subtraktionsergebnisse von geraden/ungeraden Zahlenpaaren, erkennen.	11b 12a
• Die Vielfachen von 2, 3, 4, 5 und 10 bis zum zehnten Vielfachen erkennen.	7b 9a 15a 18a

Rechnen

Addition und Subtraktion verstehen

• Verdopplungen als Rechenvorteil beim Addieren nutzen (z. B. bei 150 + 160).	2a
• 3 oder 4 kleine Zahlen addieren, indem man sie paarweise zu 9, 10 oder 11 zusammenfasst. Drei zweistellige Vielfache von 10 addieren, wie etwa 40 + 70 + 50.	1a 1b 2b 13b 14b

Schnelles Abrufen von Multiplikations- und Divisionsergebnissen

• Auswendig beherrschen: Multiplikationsergebnisse aus dem 2er-, 3er-, 4er-, 5er- und 10er-Einmaleins.	3a 4b
• Schnell bestimmen können: Verdopplungsergebnisse aller ganzen Zahlen bis 50, z. B. 38 + 38 oder 38 × 2.	10b

Aufgaben lösen

Entscheidungen treffen

• Geeignete Rechenoperationen sowie passende Rechenmethoden, wie Kopfrechnen, Kopfrechnen mit schriftlichen Notizen oder schriftliches Rechnen, zum Lösen von Rechenaufgaben auswählen und anwenden.	2a 16b 17b

Anhand von Zahlen oder Formen folgern

• Methoden bei und Schlussfolgerungen über Zahlen mündlich und schriftlich erklären.	1b 2b 3a 3b 4a 4b 5a 5b 7b 8a 8b 9a 10b 11a 11b 12a 12b 13b 14b 15a 15b 16a 16b 17a 17b 18a 18b
• Rechen- oder Denkaufgaben lösen, Muster und Beziehungen erkennen und erklären, verallgemeinern und voraussagen. Erweiterungen mit der Frage: „Was wäre, wenn …" vorschlagen.	1b 2b 3a 3b 4a 4b 5a 5b 6a 6b 7a 7b 8a 8b 9a 9b 10a 10b 11a 11b 12a 12b 13a 13b 14a 14b 15a 15b 16a 16b 17a 17b 18a 18b
• Eine allgemeine Aussage über bekannte Zahlen oder Formen formulieren und untersuchen durch Finden von Beispielen, die diese erfüllen.	1b 12b 14b 16b 17b

Aufgaben mit „echtem" Geld und „echten" Maßen

• Unter Verwendung aller vier Rechenarten Textaufgaben, in denen Geldbeträge oder Maße (einschließlich Zeitangaben) vorkommen, mit einem oder mehreren Lösungsschritten lösen, dabei Euro in Cent und Meter in Zentimeter bzw. umgekehrt umwandeln.	1a 3a 3b

Zielsetzungen für die 4. Jahrgangsstufe

Mit Daten umgehen

Daten ordnen und sie interpretieren

- Eine gestellte Aufgabe durch schnelles Sammeln, Ordnen, Darstellen und Interpretieren von Daten in Tabellen, Schaubildern, Diagrammen und Kurvenblättern, einschließlich Daten in Computergrafiken, lösen, z. B. Strichlisten und Häufigkeitstabellen; Piktogramme mit Symbolen, die Zweier-, Fünfer-, Zehner- oder Zwanzigereinheiten darstellen; Säulendiagramme, die in Zweier-, Fünfer-, Zehner- oder Zwanzigerschritten beschriftet sind; Venn-und Carroll-Diagramme (zwei Kriterien). **4b** **6a** **6b** **7a** **11b** **17b**

Maße, Form und Raum

Maße

- Zeitangaben verwenden, lesen und schreiben; Zeiträume in Sekunden, Minuten und Stunden schätzen/überprüfen. Die Zeit von einer analogen Uhr und einer Digitaluhr mit 24-Stunden-Angabe minutengenau ablesen. Die 24-Stunden-Einteilung selbst verwenden, beispielsweise die Angabe 21:53. Einfache Zeitpläne lesen und den aktuellen Jahreskalender benutzen. **12a**

Form und Raum

- Formen herstellen; z. B. Vielecke durch Falten von Papier oder auf einer Pinnwand konstruieren und deren Eigenschaften, wie etwa Symmetrieachsen, erörtern. Ausgehend von 2-D-Zeichnungen 3-D-Formen visualisieren und einfache Gebilde aus räumlichen Körpern erkennen. **9b** **10a** **14a**

Einkauf im Sportgeschäft Lehrerblatt **4. Klasse: 1a**

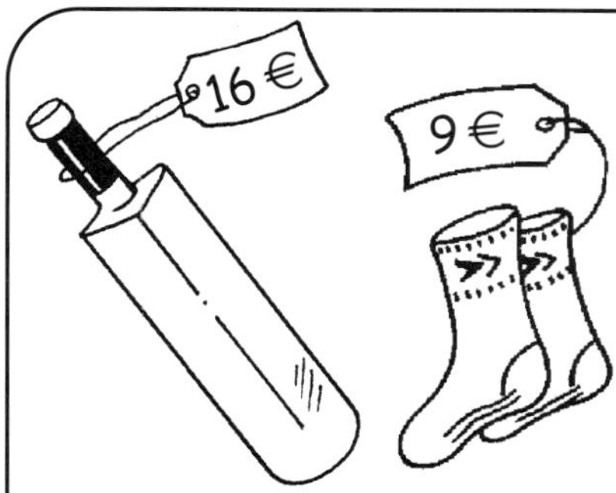

Geschenk	Preis
Kricketschläger	16 €
Sportsocken	9 €
Fußball	14 €
Basketball	15 €

Markus möchte sich für sein Geburtstagsgeld Sportsachen kaufen. Er hat dafür 30 € zur Verfügung. Im Sportgeschäft kauft er 2 verschiedene Artikel und erhält 6 € Rückgeld.

Welche 2 Artikel kauft er?

Tipp Mache einen Versuch. Dann überprüfe ihn und mache einen verbesserten Versuch.

Verstehe die Aufgabe

- **Wie viel Geld hat Markus zur Verfügung?** *(30 €)*
- **Wie viel gibt er davon aus?** *(30 € – 6 € = 24 €)*
- **Wie viele Artikel kauft er dafür?** *(2)*

Plane die Lösung

- **Kannst du in der Tabelle 2 Artikel finden, die zusammen 24 € kosten?** *(9 € und 15 €)*
- **Kauft Markus den Kricketschläger?** *(nein)*
- **Kauft er den Fußball?** *(nein)*

Löse die Aufgabe

Versuche und verbessere.

Versuch: 9 + 16 = 25 *(nein)*

9 + 14 = 23 *(nein)*

9 + 15 = 24 *(ja)*

Markus kauft den Basketball und die Sportsocken.

Zusatzaufgabe

Angenommen, Markus hat 40 € zur Verfügung und gibt die gesamte Summe für 3 verschiedene Artikel aus.

Welche 3 Sachen kauft er?

Er kauft den Kricketschläger, Sportsocken und den Basketball.

Einkauf im Sportgeschäft Arbeitsblatt 4. Klasse: 1a

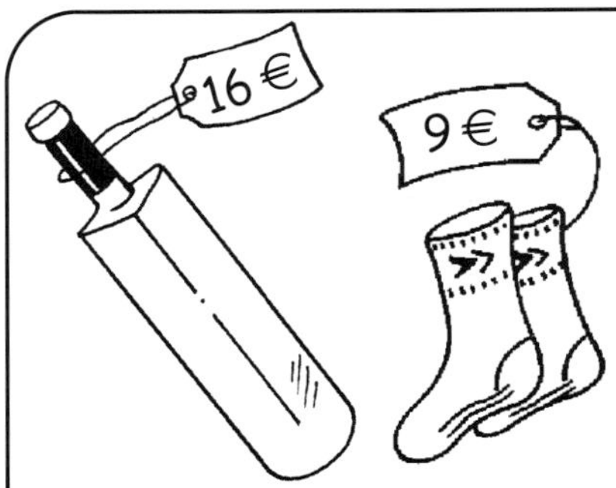

Geschenk	Preis
Kricketschläger	16 €
Sportsocken	9 €
Fußball	14 €
Basketball	15 €

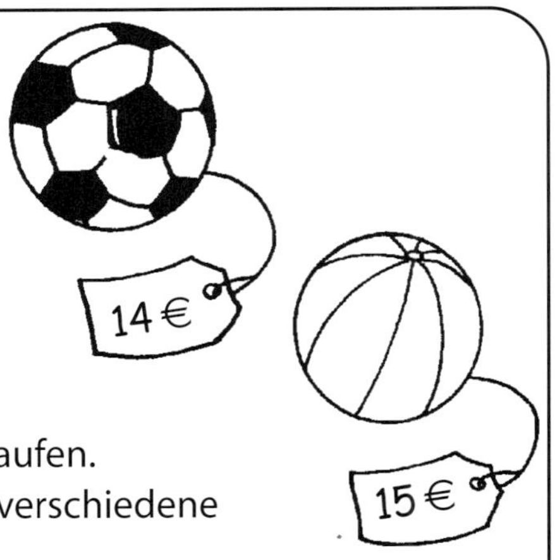

Markus möchte sich für sein Geburtstagsgeld Sportsachen kaufen.
Er hat dafür 30 € zur Verfügung. Im Sportgeschäft kauft er 2 verschiedene Artikel und erhält 6 € Rückgeld.

Welche 2 Artikel kauft er?

Tipp Mache einen Versuch. Dann überprüfe ihn und mache einen verbesserten Versuch.

Verstehe die Aufgabe

Plane die Lösung

Löse die Aufgabe

Zusatzaufgabe

Angenommen, Markus hat 40 € zur Verfügung und gibt die gesamte Summe für 3 verschiedene Artikel aus.

Welche 3 Sachen kauft er?

Magisches Zahlenkreuz Lehrerblatt 4. Klasse: 1b

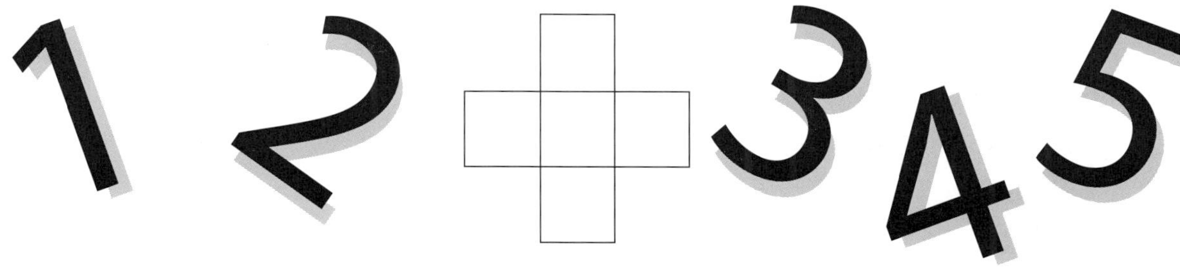

Aus dieser Kreuzform kannst du ein „magisches" Zahlenkreuz machen.
Dafür musst du nur die Zahlen 1, 2, 3, 4 und 5 so in die Kästchen eintragen, dass sie waagerecht und senkrecht zusammengezählt 10 ergeben.

Wie musst du die Zahlen anordnen?

Tipp Mache einen Versuch. Dann überprüfe ihn und mache einen verbesserten Versuch.

Verstehe die Aufgabe

- **Welche Zahlen kommen in die Kästchen?** *(1, 2, 3, 4 und 5)*
- **Wie viel sollen sie zusammengezählt ergeben?** *(10)*
- **Kann eine der Zahlen 2-mal verwendet werden?** *(Nein, es sind 5 Zahlen und 5 Kästchen.)*

Plane die Lösung

- **Suche 3 Zahlen aus, die zusammengerechnet 10 ergeben und schreibe sie in 3 Kästchen.**
- **Suche 2 Möglichkeiten, wie 3 der Zahlen zusammen 10 ergeben können.**
- **Wenn eine der Zahlen 5 ist, wie lauten dann die beiden anderen Zahlen?** *(2 und 3 oder 1 und 4)*
  In welches Kästchen gehört 5 also? *(in das mittlere)*
- **Schreibe 5 in das mittlere Kästchen. Wo stehen dann die beiden anderen Zahlen?**
  (in den äußeren Kästchen)

Löse die Aufgabe

Versuche und verbessere/Denke logisch.

- Die beiden Möglichkeiten, wie 3 der obigen Zahlen zusammengezählt 10 ergeben können, sind: 5 + 4 + 1 und 5 + 2 + 3.
- Schreibe 5 in das mittlere Kästchen.
- Nun müssen noch 1, 2, 3 und 4 eingetragen werden.

Eine mögliche Lösung sieht so aus:

	4	
3	**5**	**2**
	1	

(Es gibt noch andere Möglichkeiten)

Zusatzaufgabe

Angenommen, 3 Kästchen sollen jeweils 8 ergeben.
Wie musst du die Zahlen nun anordnen?

Eine mögliche Lösung ist:

	2	
3	**1**	**4**
	5	

(Es gibt noch andere Möglichkeiten)

Magisches Zahlenkreuz Arbeitsblatt 4. Klasse: 1b

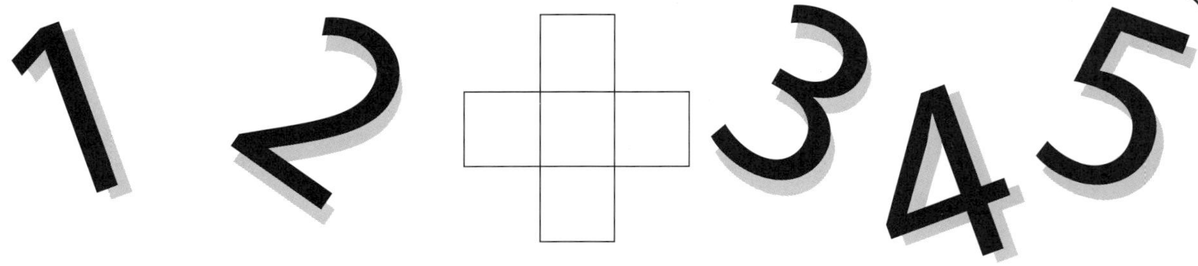

Aus dieser Kreuzform kannst du ein „magisches" Zahlenkreuz machen.
Dafür musst du nur die Zahlen 1, 2, 3, 4 und 5 so in die Kästchen eintragen, dass sie waagerecht und senkrecht zusammengezählt 10 ergeben.

Wie musst du die Zahlen anordnen?

Tipp Mache einen Versuch. Dann überprüfe ihn und mache einen verbesserten Versuch.

Verstehe die Aufgabe

Plane die Lösung

Löse die Aufgabe

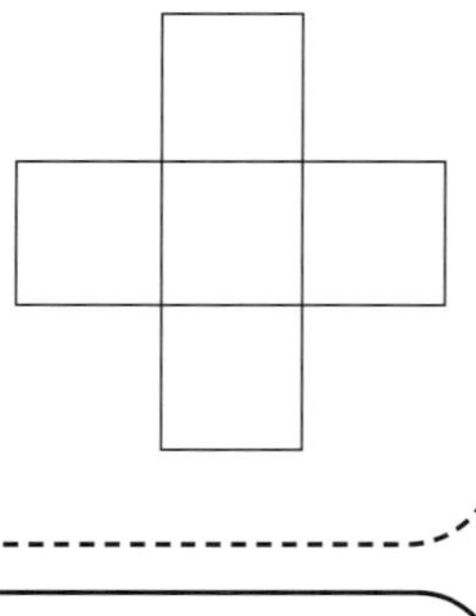

Zusatzaufgabe

Angenommen, 3 Kästchen sollen jeweils 8 ergeben.
Wie musst du die Zahlen nun anordnen?

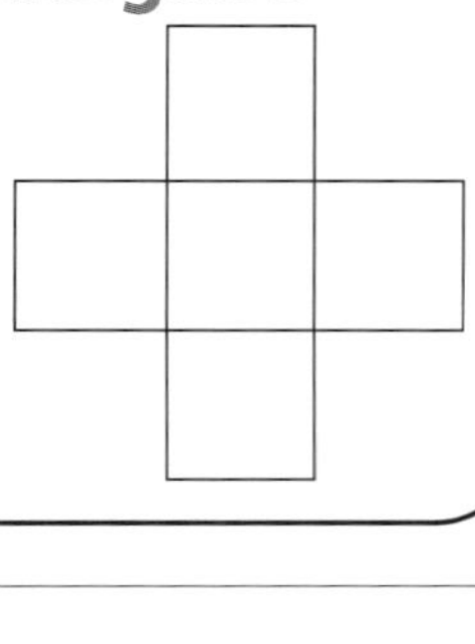

Seitenzahlen

Lehrerblatt **4. Klasse: 2a**

Doris liest ein Buch aus der Stadtbücherei. Ihr Bruder David fragt, wie weit sie schon ist. Sie sagt, dass die beiden Seitenzahlen, die sie aufgeschlagen hat, zusammen 53 ergeben.

Welche beiden Seitenzahlen sind es?

Tipp Mache einen Versuch. Dann überprüfe ihn und mache einen verbesserten Versuch.

Verstehe die Aufgabe

- **Welche Zahl ergeben die beiden Seitenzahlen zusammen?** *(53)*
- **Könnten die beiden Seitenzahl 30 und 23 sein?** *(Nein, denn Seiten sind fortlaufend nummeriert.)*
- **Angenommen, die Seitenzahlen würden zusammen 7 ergeben. Welche beiden Seitenzahlen wären es in diesem Fall?** *(3 + 4 = 7)*

Plane die Lösung

- **Suche dir 2 aufeinander folgende Zahlen aus und addiere sie. Ist dein Ergebnis in der Nähe der richtigen Lösung?**
- **Könnten die Seitenzahlen 28 und 29 sein?** *(Nein, denn 28 + 29 = 57, nicht 53.)*
- **Wenn 28 und 29 zu hoch sind, können es dann 27 und 28 sein?** *(Nein, das Ergebnis ist immer noch zu hoch.)*

Löse die Aufgabe

Versuche und verbessere.

Versuch: 28, 29: 28 + 29 = 57 *(Ergebnis ist zu hoch.)*
27, 28: 27 + 28 = 55 *(Ergebnis ist zu hoch.)*
26, 27: 26 + 27 = 53 *(richtig)*

Es sind die Seitenzahlen 26 und 27.

Zusatzaufgabe

Nicole und Carina machen ein Zahlenspiel.
Nicole denkt sich 2 Zahlen aus und gibt Carina 2 Anhaltspunkte:

1. Anhaltspunkt: Die beiden Zahlen ergeben zusammengezählt 49.

2. Anhaltspunkt: Die beiden Zahlen folgen aufeinander.

Welche beiden Zahlen sind es?

Es sind 24 und 25.

Seitenzahlen

Arbeitsblatt **4. Klasse: 2a**

Doris liest ein Buch aus der Stadtbücherei. Ihr Bruder David fragt, wie weit sie schon ist. Sie sagt, dass die beiden Seitenzahlen, die sie aufgeschlagen hat, zusammen 53 ergeben.

Welche beiden Seitenzahlen sind es?

Tipp Mache einen Versuch. Dann überprüfe ihn und mache einen verbesserten Versuch.

Verstehe die Aufgabe

Plane die Lösung

Löse die Aufgabe

Zusatzaufgabe

Nicole und Carina machen ein Zahlenspiel.
Nicole denkt sich 2 Zahlen aus und gibt Carina 2 Anhaltspunkte:

1. Anhaltspunkt: Die beiden Zahlen ergeben zusammengezählt 49.

2. Anhaltspunkt: Die beiden Zahlen folgen aufeinander.

Welche beiden Zahlen sind es?

Zahlenraten

Lehrerblatt **4. Klasse: 2b**

Carina denkt sich 3 Zahlen aus und gibt Nicole 3 Anhaltspunkte.

1. Anhaltspunkt: Die Zahlen ergeben zusammengerechnet 23.
2. Anhaltspunkt: Es sind 3 verschiedene Zahlen.
3. Anhaltspunkt: Jede Zahl ist kleiner als 10.

Welche 3 Zahlen sind es?

Verstehe die Aufgabe

- **Wie viele Zahlen denkt sich Carina aus?** *(3)*
- **Was ergeben diese Zahlen zusammengerechnet?** *(23)*
- **Könnten es 9, 9 und 5 sein?** *(Nein, denn es sollen 3 verschiedene Zahlen sein.)*
- **Könnte 10 eine der Zahlen sein?** *(Nein, denn jede Zahl soll kleiner als 10 sein.)*

Plane die Lösung

- **Suche dir 3 beliebige Zahlen unter 10 aus und zähle sie zusammen.**
- **Wenn eine der Zahlen 9 ist, wie müssen dann die beiden anderen lauten?** *(8 und 6)*
- **Wenn 2 der Zahlen 8 und 6 wären, wie müsste dann die dritte Zahl lauten?** *(9)*

Löse die Aufgabe

Versuche und verbessere.

Jede Zahl ist kleiner als 10.
Versuche es mit 9: 23 – 9 = 14.
Die beiden anderen Zahlen müssen also zusammen 14 ergeben.
8 + 6 = 14 und 9 + 8 + 6 = 23

Es sind die 3 Zahlen 9, 8 und 6.

Zusatzaufgabe

Carina denkt sich 3 andere Zahlen aus und gibt wieder 3 Anhaltspunkte:

1. Anhaltspunkt: Die Zahlen ergeben zusammengerechnet 22.
2. Anhaltspunkt: 2 Zahlen sind gleich.
3. Anhaltspunkt: Jede Zahl ist kleiner als 9.

Welche 3 Zahlen sind es?

Es sind die Zahlen 7, 7 und 8 oder 8, 8 und 6.

Zahlenraten

Arbeitsblatt **4. Klasse: 2b**

Carina denkt sich 3 Zahlen aus und gibt Nicole 3 Anhaltspunkte.

1. Anhaltspunkt: Die Zahlen ergeben zusammengerechnet 23.
2. Anhaltspunkt: Es sind 3 verschiedene Zahlen.
3. Anhaltspunkt: Jede Zahl ist kleiner als 10.

Welche 3 Zahlen sind es?

Verstehe die Aufgabe

Plane die Lösung

Löse die Aufgabe

Zusatzaufgabe

Carina denkt sich 3 andere Zahlen aus und gibt wieder 3 Anhaltspunkte:

1. Anhaltspunkt: Die Zahlen ergeben zusammengerechnet 22.
2. Anhaltspunkt: 2 Zahlen sind gleich.
3. Anhaltspunkt: Jede Zahl ist kleiner als 9.

Welche 3 Zahlen sind es?

Einzäunung

Lehrerblatt **4. Klasse: 3a**

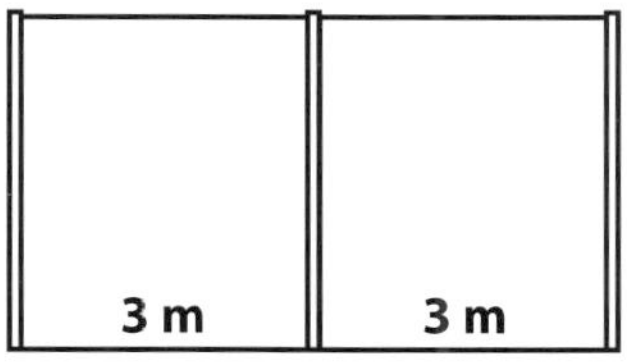

Simons Vater stellt einen neuen Gartenzaun auf.
Er verwendet dafür 7 Zaunpfosten, die er 3 Meter voneinander entfernt in den Boden rammt.
Dann befestigt er Zaunplatten zwischen den Pfosten.

Wie lang ist der fertige Zaun, wenn wir die Breite der Pfosten nicht mitrechnen?

Tipp Zeichne ein Bild; den Anfang siehst du oben auf deinem Blatt.

Verstehe die Aufgabe

- **Was macht Simons Vater?** *(Er stellt einen neuen Gartenzaun auf.)*
- **Wie viele Zaunpfosten verwendet er dafür?** *(7)*
- **Wie weit sind die Zaunpfosten voneinander entfernt?** *(3 Meter)*
- **Was versuchst du herauszufinden?** *(Wie lang der fertige Zaun ist.)*

Plane die Lösung

- **Zeichne 2 Pfosten. Wie weit sind sie voneinander entfernt?** *(3 Meter)*
- **Kannst du alle 7 Pfosten zeichnen, um herauszufinden, wie lang der Zaun ist?**

Löse die Aufgabe

Zeichne das Bild links hier ein und vervollständige es.

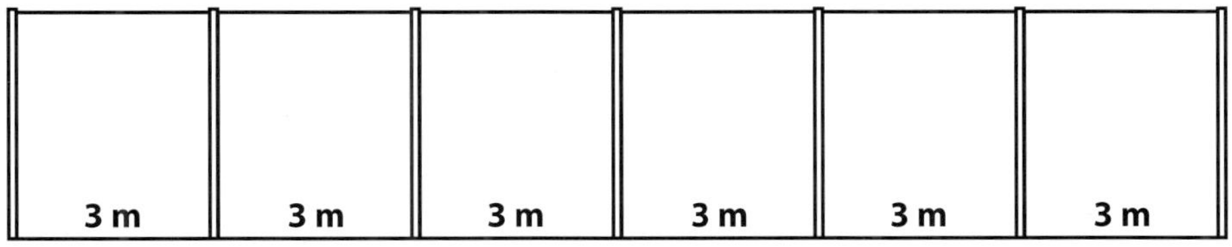

- Die Pfosten befestigen 6 Zaunplatten; jede davon ist 3 Meter lang.
- $3 \text{ m} \times 6 = 18 \text{ m}$

Der fertige Zaun ist 18 m lang.

Zusatzaufgabe

Der Gartenzaun hinter Simons Haus ist 16 m lang. Bei diesem Zaun stehen die Pfosten 2 m voneinander entfernt.

Wie viele Pfosten sind für diesen Zaun notwendig?

Für diesen Zaun sind 9 Pfosten notwendig.

Einzäunung

Arbeitsblatt **4. Klasse: 3a**

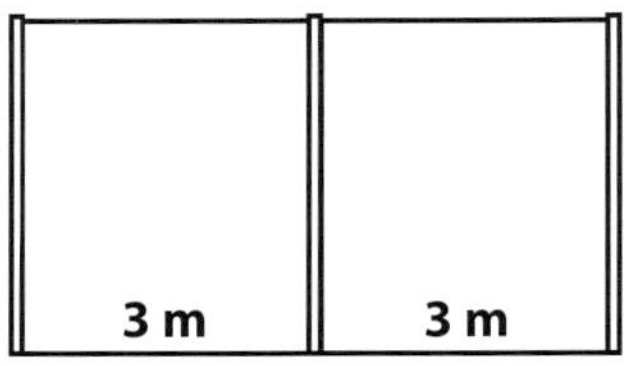

Simons Vater stellt einen neuen Gartenzaun auf.
Er verwendet dafür 7 Zaunpfosten, die er 3 Meter voneinander entfernt in den Boden rammt.
Dann befestigt er Zaunplatten zwischen den Pfosten.

Wie lang ist der fertige Zaun, wenn wir die Breite der Pfosten nicht mitrechnen?

Tipp Zeichne ein Bild; den Anfang siehst du oben auf deinem Blatt.

Verstehe die Aufgabe

Plane die Lösung

Löse die Aufgabe

Zusatzaufgabe

Der Gartenzaun hinter Simons Haus ist 16 m lang. Bei diesem Zaun stehen die Pfosten 2 m voneinander entfernt.

Wie viele Pfosten sind für diesen Zaun notwendig?

Fahrradprüfung

Lehrerblatt **4. Klasse: 3b**

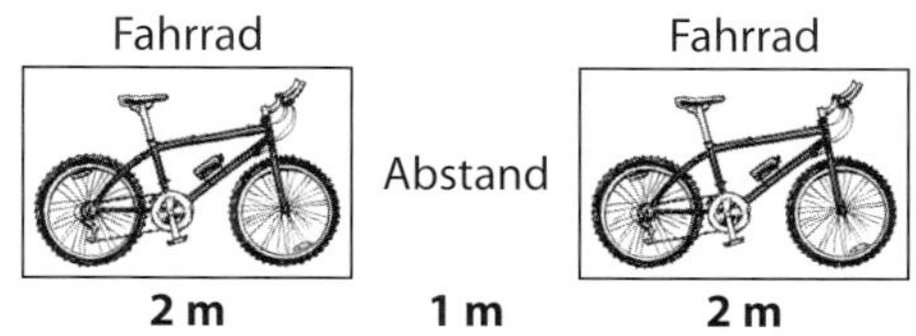

Zu Beginn ihrer Fahrradprüfung stellen sich 5 Kinder mit ihren Fahrrädern hintereinander auf. Jedes Fahrrad ist 2 m lang, der Abstand zwischen 2 Fahrrädern beträgt jeweils 1 m.

Wie lang ist die Fahrradreihe?

Tipp Zeichne ein Bild; den Anfang siehst du oben auf deinem Blatt.

Verstehe die Aufgabe

- **Wie stellen sich die Kinder auf?** *(hintereinander)*
- **Wie viele Fahrräder stehen in der Reihe?** *(5)*
- **Wie lang ist jedes Rad?** *(2 m)*
- **Wie weit ist jeweils der Abstand zwischen 2 Rädern?** *(1 m)*
- **Was versuchst du herauszufinden?** *(Wie lang die Fahrradreihe ist.)*

Plane die Lösung

- **Zeichne 2 Fahrräder hintereinander auf. Wie lang ist diese Reihe?** *(5 m)*
- **Zeichne nun alle 5 Fahrräder in einer Reihe um zu sehen, wie lang die ganze Reihe ist.**

Löse die Aufgabe

Zeichne ein Bild.

Fahrrad	Abstand	Fahrrad	Abstand	Fahrrad	Abstand	Fahrrad	Abstand	Fahrrad
2 m	**1 m**	**2 m**	**1 m**	**2 m**	**1 m**	**2 m**	**1 m**	**2 m**

- 5 Fahrräder stehen in der Reihe; jedes Rad ist 2 m lang.
- Zwischen den Rädern ist viermal ein Abstand von 1 m.
- 2 m × 5 = 10 m und 1 m × 4 = 4 m.
- 10 m + 4 m = 14 m.

Die Fahrradreihe ist 14 m lang.

Zusatzaufgabe

Angenommen, 3 Kinder mit ihren Rädern stellen sich noch dazu.

Wie lang ist nun die Fahrradreihe?

Die Fahrradreihe ist nun 23 m lang.

Fahrradprüfung

Arbeitsblatt **4. Klasse: 3b**

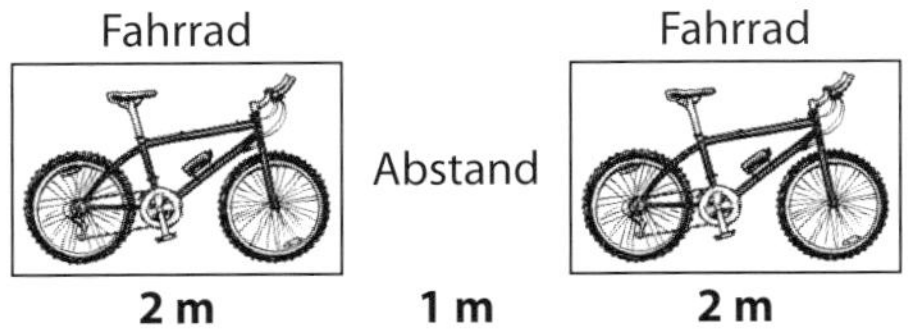

Zu Beginn ihrer Fahrradprüfung stellen sich 5 Kinder mit ihren Fahrrädern hintereinander auf. Jedes Fahrrad ist 2 m lang, der Abstand zwischen 2 Fahrrädern beträgt jeweils 1 m.

Wie lang ist die Fahrradreihe?

Tipp Zeichne ein Bild; den Anfang siehst du oben auf deinem Blatt.

Verstehe die Aufgabe

Plane die Lösung

Löse die Aufgabe

Zusatzaufgabe

Angenommen, 3 Kinder mit ihren Rädern stellen sich noch dazu.

Wie lang ist nun die Fahrradreihe?

Parkplatz

Lehrerblatt **4. Klasse: 4a**

Auf dem Schulparkplatz sind die einzelnen Stellplätze in einer Reihe nebeneinander angeordnet. An diesem Tag ist jeder Stellplatz belegt. Herr Sandner hat seinen Wagen genau in der Mitte der Reihe abgestellt. Links von seinem Wagen stehen 5 Autos.

Wie viele Autos stehen auf dem Parkplatz?

Tipp Zeichne ein Bild um einen Überblick zu bekommen.

Verstehe die Aufgabe

- **Wie sind die Stellplätze angeordnet?** *(in einer Reihe, nebeneinander)*
- **Ist an diesem Tag einer der Stellplätze leer?** *(Nein, alle sind belegt.)*
- **Wo parkt Herr Sandner sein Auto?** *(genau in der Mitte der Reihe)*
- **Wie viele Autos stehen links von seinem Wagen?** *(5)*
- **Was versuchen wir herauszufinden?** *(Wie viele Autos auf dem Parkplatz stehen.)*

Plane die Lösung

- **Wenn Herrn Sandners Wagen genau in der Mitte der Reihe steht, was weißt du dann über die Anzahl von Autos zu beiden Seiten seines Wagens?** *(Auf beiden Seiten müssen gleich viele Autos stehen.)*
- **Wie viele Autos stehen inks von Herrn Sandners Wagen?** *(5)*
- **Zeichne ein Bild mit Herrn Sandners Auto in der Mitte und 5 Autos zur linken Seite. Hilft dir das, die Lösung zu finden?**

Löse die Aufgabe

Zeichne ein Bild.

□ steht für ein Auto

■ steht für Herrn Sandners Auto

□ □ □ □ □ ■ □ □ □ □ □

5 links 5 rechts

- 5 Autos links, 5 Autos rechts plus Herrn Sandners Wagen.
- 5 + 5 + 1 = 11

Auf dem Parkplatz stehen 11 Autos.

Zusatzaufgabe

Der Maler braucht eine Leiter um die Fenster im oberen Stock zu streichen.
Lisa bemerkt, dass er auf der mittleren Leitersprosse steht.
Zuerst klettert er 3 Sprossen hinunter. Dann klettert er 10 Sprossen hinauf bis zum Ende der Leiter.
Wie viele Sprossen hat die Leiter?

Die Leiter hat 15 Sprossen.

Parkplatz

Arbeitsblatt **4. Klasse: 4a**

Auf dem Schulparkplatz sind die einzelnen Stellplätze in einer Reihe nebeneinander angeordnet. An diesem Tag ist jeder Stellplatz belegt. Herr Sandner hat seinen Wagen genau in der Mitte der Reihe abgestellt. Links von seinem Wagen stehen 5 Autos.

Wie viele Autos stehen auf dem Parkplatz?

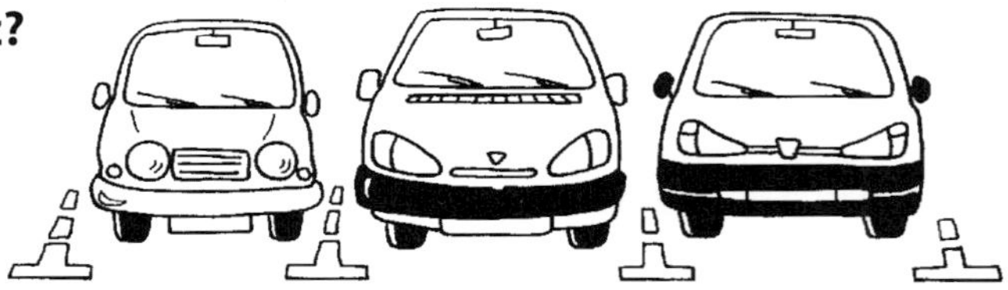

Tipp Zeichne ein Bild um einen Überblick zu bekommen.

Verstehe die Aufgabe

Plane die Lösung

Löse die Aufgabe

Zusatzaufgabe

Der Maler braucht eine Leiter um die Fenster im oberen Stock zu streichen.
Lisa bemerkt, dass er auf der mittleren Leitersprosse steht.
Zuerst klettert er 3 Sprossen hinunter. Dann klettert er 10 Sprossen hinauf bis zum Ende der Leiter.

Wie viele Sprossen hat die Leiter?

Bonbons

Lehrerblatt **4. Klasse: 4b**

Manuela, Micha, Angela, Lisa und Kathi haben jeweils einen Beutel mit verschiedenen Bonbons. Jedes Mädchen gibt jedem anderen Mädchen ein Bonbon zum Probieren.

Wie viele Bonbons werden getauscht?

Verstehe die Aufgabe

- **Was macht jedes Mädchen.** *(Es gibt jedem anderen Mädchen ein Bonbon.)*
- **Nimmt jedes Mädchen selbst ein Stück der eigenen Bonbons?** *(nein)*
- **Was versuchst du herauszufinden?** *(die Gesamtzahl der getauschten Bonbons)*

Plane die Lösung

- **Angenommen, Manuela gibt als Erste Bonbons her. Wie viele gibt sie dann her?** *(4)*
- **Wie vielen Mädchen gibt Manuela je eine Süßigkeit?** *(4)*
- **Kannst du ein Bild zeichnen, auf dem jedes Mädchen und jeweils die anderen Mädchen zu sehen sind, denen es Bonbons gibt?**

Löse die Aufgabe

Zeichne ein Bild.

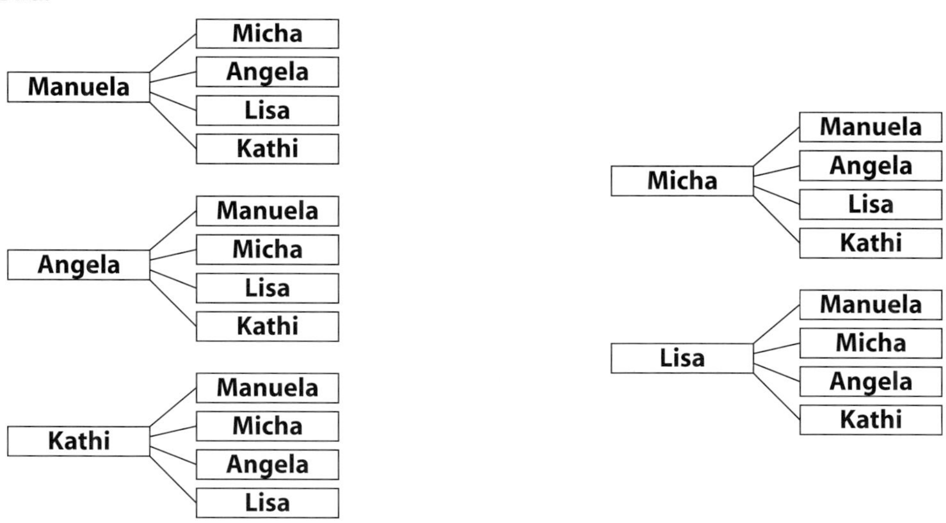

20 Bonbons werden getauscht.

Zusatzaufgabe

Angenommen, nur 4 Mädchen geben einander Bonbons.

Wie viele Bonbons werden in diesem Fall getauscht?

In diesem Fall werden 12 Bonbons getauscht.

Bonbons

Arbeitsblatt **4. Klasse: 4b**

Manuela, Micha, Angela, Lisa und Kathi haben jeweils einen Beutel mit verschiedenen Bonbons. Jedes Mädchen gibt jedem anderen Mädchen ein Bonbon zum Probieren.

Wie viele Bonbons werden getauscht?

Verstehe die Aufgabe

Plane die Lösung

Löse die Aufgabe

Zusatzaufgabe

Angenommen, nur 4 Mädchen geben einander Bonbons.

Wie viele Bonbons werden in diesem Fall getauscht?

Spielergebnis

Lehrerblatt **4. Klasse: 5a**

Im Fußballmatch zwischen Tiefstadt und Hochburg werden insgesamt 6 Tore erzielt.

Wie sehen die möglichen Spielergebnisse aus?

Tipp Fülle die geordnete Aufstellung fertig aus.

Tiefstadt	**6**	**5**					
Hochburg	**0**	**1**					

Verstehe die Aufgabe

- **Wie viele Tore werden im Spiel insgesamt erzielt?** *(6)*
- **Was bedeutet „insgesamt"?** *(alle von beiden Mannschaften geschossenen Tore)*
- **Wissen wir, wer das Spiel gewonnen hat?** *(nein)*
- **Müssen wir das wissen um die Aufgabe lösen zu können?** *(nein)*
- **Was versuchst du herauszufinden?** *(Wie die möglichen Spielergebnisse bei einem Spiel mit 6 erzielten Toren aussehen.)*

Plane die Lösung

- **2 mögliche Spielergebnisse sind schon aufgelistet. Wie könnte das nächste Ergebnis aussehen?** *(Tiefstadt 4, Hochburg 2)*
- **Könnte Hochburg auch 6 Tore erzielen?** *(ja)*
- **Kannst du 2 Zahlen angeben, die noch nicht in der Aufstellung stehen und zusammengerechnet 6 ergeben?** *(4 und 2)*

Löse die Aufgabe

Vervollständige die geordnete Aufstellung.

Tiefstadt	**6**	**5**	*4*	*3*	*2*	*1*	*0*
Hochburg	**0**	**1**	*2*	*3*	*4*	*5*	*6*

Die Liste zeigt 7 mögliche Spielergebnisse für das Match.

Zusatzaufgabe

Angenommen, Tiefstadt und Hochburg erzielen im Rückspiel insgesamt 9 Tore.

Wie viele Spielergebnisse sind dann möglich?

Dann sind 10 Spielergebnisse möglich.

Spielergebnis

Arbeitsblatt **4. Klasse: 5a**

Im Fußballmatch zwischen Tiefstadt und Hochburg werden insgesamt 6 Tore erzielt.

Wie sehen die möglichen Spielergebnisse aus?

Tipp Fülle die geordnete Aufstellung fertig aus.

Tiefstadt	**6**	**5**					
Hochburg	**0**	**1**					

Verstehe die Aufgabe

Plane die Lösung

Löse die Aufgabe

Tiefstadt	**6**	**5**					
Hochburg	**0**	**1**					

Zusatzaufgabe

Angenommen, Tiefstadt und Hochburg erzielen im Rückspiel insgesamt 9 Tore.

Wie viele Spielergebnisse sind dann möglich?

U-Bahn-Strecken

Lehrerblatt **4. Klasse: 5b**

Du siehst hier einen Teil eines U-Bahn-Streckenplans.

Wie viele verschiedene Möglichkeiten gibt es, von der Stadtallee zur Landstraße zu fahren?

Tipp Mache eine geordnete Aufstellung.

Legende:	
Flusslinie	═══
Stadtlinie	━━━
Ostlinie	·······
Westlinie	– – –

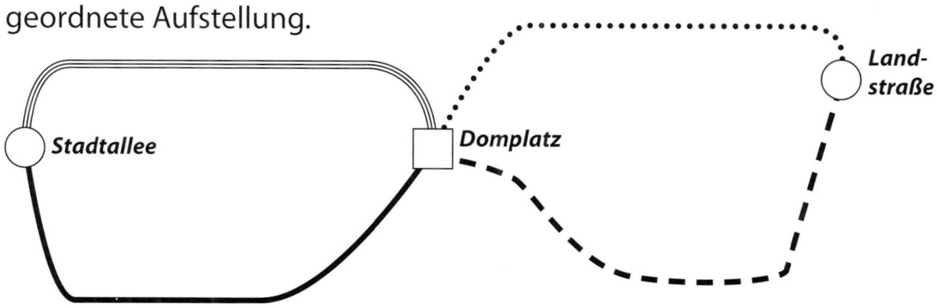

Verstehe die Aufgabe

- **Wie viele Linien führen von der Stadtallee zum Domplatz?** *(2)*
- **Wie heißen diese Linien?** *(Flusslinie und Stadtlinie)*
- **Wie viele Linien führen vom Domplatz zur Landstraße?** *(2)*
- **Wie heißen diese Linien?** *(Ostlinie und Westlinie)*
- **Was versuchst du herauszufinden?** *(Wie viele verschiedene Möglichkeiten es gibt, von der Stadtallee zur Landstraße zu fahren.)*

Plane die Lösung

- **Kannst du eine Möglichkeit auflisten, wie man von der Stadtallee zur Landstraße fahren kann?**
- **Stelle dir vor, du nimmst die Flusslinie. Nenne dann eine Möglichkeit, vom Domplatz weiter zur Landstraße zu fahren.**
- **Kannst du nun eine zweite Möglichkeit nennen?**
- **Eine Möglichkeit ist es, zuerst die Flusslinie und dann die Ostlinie zu nehmen.**
- **Eine andere Möglichkeit ist, zuerst die Flusslinie und dann welche Linie zu nehmen?** *(die Westlinie)*

Löse die Aufgabe

Mache eine geordnete Aufstellung.

Erst die Flusslinie, dann die Ostlinie.
Erst die Flusslinie, dann die Westlinie.

Erst die Stadtlinie, dann die Ostlinie.
Erst die Stadtlinie, dann die Westlinie.

Es gibt 4 verschiedene Möglichkeiten, von der Stadtallee zur Landstraße zu fahren.

Zusatzaufgabe

Angenommen, eine neue Linie mit der Bezeichnung „Mittlere Linie" wird in Betrieb genommen. Sie verbindet den Domplatz mit der Landstraße.

Wie viele verschiedene Möglichkeiten gibt es dann, von der Stadtallee zur Landstraße zu fahren?

Dann gibt es 6 verschiedene Möglichkeiten.

U-Bahn-Strecken

Arbeitsblatt **4. Klasse: 5b**

Du siehst hier einen Teil eines U-Bahn-Streckenplans.

Wie viele verschiedene Möglichkeiten gibt es, von der Stadtallee zur Landstraße zu fahren?

Tipp Mache eine geordnete Aufstellung.

Legende:	
Flusslinie	═══
Stadtlinie	━━━
Ostlinie	·······
Westlinie	‐ ‐ ‐

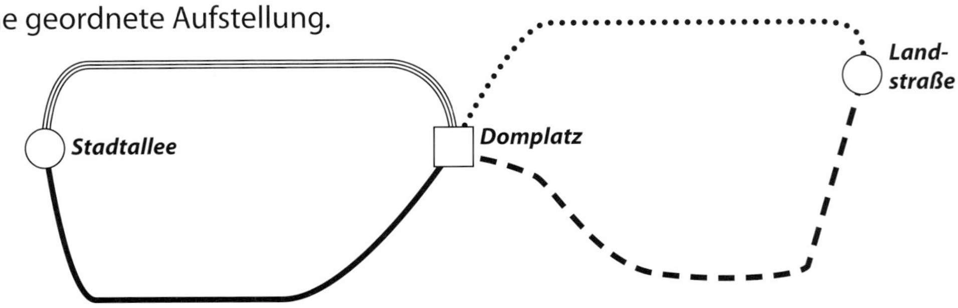

Verstehe die Aufgabe

Plane die Lösung

Löse die Aufgabe

Zusatzaufgabe

Angenommen, eine neue Linie mit der Bezeichnung „Mittlere Linie" wird in Betrieb genommen. Sie verbindet den Domplatz mit der Landstraße.

Wie viele verschiedene Möglichkeiten gibt es dann, von der Stadtallee zur Landstraße zu fahren?

Tennismatch

Lehrerblatt **4. Klasse: 6a**

Die Schulmannschaften der Grundschulen in Fichtental und Eichenwald tragen Singles (einer gegen einen) gegeneinander aus.
Die Spieler jeder Mannschaft müssen einmal gegen jeden Spieler der Gegenmannschaft antreten.

Wie viele Spiele werden in dem Match insgesamt gespielt?

Tipp Mache eine geordnete Aufstellung.

Fichtental	**Eichenwald**
Andreas	Thomas
Luisa	Antonia

Verstehe die Aufgabe

- **Wer spielt im Match gegeneinander?** *(die Schulmannschaften aus Fichtental und Eichenwald)*
- **Wie viele Spieler hat die Mannschaft aus Fichtental?** *(2)*
- **Wie viele Spieler hat die Mannschaft aus Eichenwald?** *(2)*
- **Wenn Andreas gegen Thomas antritt, finden dann ein oder zwei Spiele statt?** *(1)*
- **Wenn Andreas gegen Thomas gespielt hat, spielen die beiden dann noch einmal gegeneinander?** *(Nein, jeder Spieler spielt nur einmal gegen jeden anderen.)*
- **Spielt Andreas gegen Luisa?** *(Nein, weil sie beide in der gleichen Mannschaft sind.)*
- **Was versuchst du herauszufinden?** *(Wie viele Spiele in dem Match insgesamt gespielt werden.)*

Plane die Lösung

- **Kannst du die Spielernamen von einem Spiel nennen?**
- **Nenne einen Gegner von Andreas.** *(Thomas oder Antonia)*
- **Nenne nun einen anderen Gegner von Andreas.** *(Thomas oder Antonia)*
- **Luisa tritt in 2 Spielen an. Kannst du ihre Gegner nennen?** *(Thomas und Antonia)*

Löse die Aufgabe

Mache eine geordnete Aufstellung.

Andreas gegen Thomas Luisa gegen Thomas	Andreas gegen Antonia Luisa gegen Antonia

In diesem Match werden 4 Spiele gespielt.

Zusatzaufgabe

Angenommen, jede Schulmannschaft tritt mit 3 Spielern an.

Wie viele Spiele werden in diesem Match gespielt?

In diesem Match werden 9 Spiele gespielt.

Tennismatch

Arbeitsblatt **4. Klasse: 6a**

Die Schulmannschaften der Grundschulen in Fichtental und Eichenwald tragen Singles (einer gegen einen) gegeneinander aus.
Die Spieler jeder Mannschaft müssen einmal gegen jeden Spieler der Gegenmannschaft antreten.

Wie viele Spiele werden in dem Match insgesamt gespielt?

Tipp Mache eine geordnete Aufstellung.

Fichtental	Eichenwald
Andreas	Thomas
Luisa	Antonia

Verstehe die Aufgabe

Plane die Lösung

Löse die Aufgabe

Zusatzaufgabe

Angenommen, jede Schulmannschaft tritt mit 3 Spielern an.

Wie viele Spiele werden in diesem Match gespielt?

Eiswaffeln

Lehrerblatt **4. Klasse: 6b**

Wie viele verschiedene Auswahlmöglichkeiten gibt es für ein Waffeleis mit 2 Kugeln?

Verstehe die Aufgabe

- **Was für ein Eis soll bestellt werden?** *(ein Waffeleis mit 2 Kugeln)*
- **Können je 2 Kugeln auch die gleiche Geschmacksrichtung haben?** *(ja)*
- **Spielt es in dieser Aufgabe eine Rolle, wie viel eine Kugel kostet?** *(nein)*
- **Ist ein Waffeleis Vanille-Schokolade dasselbe wie ein Waffeleis Schokolade-Vanille?** *(ja)*
- **Was versuchst du herauszufinden?** *(Wie viele verschiedene Auswahlmöglichkeiten es für ein Eis mit 2 Kugeln gibt.)*

Plane die Lösung

- **Wenn eine Kugel Vanille ist, welche Möglichkeiten gibt es dann für die zweite Kugel?** *(Vanille, Schokolade oder Erdbeere)*
- **Schokolade und Schokolade ist eine der Möglichkeiten. Welche beiden anderen Möglichkeiten gibt es, wenn eine der Kugeln Schokolade ist?** *(Schokolade – Vanille und Schokolade – Erdbeere)*
- **Was versuchst du herauszufinden?** *(Wie viele verschiedene Auswahlmöglichkeiten es für ein Eis mit 2 Kugeln gibt.)*

Löse die Aufgabe

Mache eine geordnete Aufstellung.

Vanille – Vanille	Schokolade – Schokolade	Erdbeere - Erdbeere
Vanille – Schokolade	Schokolade – Erdbeere	
Vanille - Erdbeere		

Es gibt 6 verschiedene Auswahlmöglichkeiten.

Zusatzaufgabe

Angenommen, es gibt noch die vierte Geschmacksrichtung Karamell.

Wie viele Auswahlmöglichkeiten für ein Eis mit 2 Kugeln gibt es in diesem Fall?

In diesem Fall gibt es 10 Auswahlmöglichkeiten für ein Eis mit 2 Kugeln.

Eiswaffeln

Arbeitsblatt **4. Klasse: 6b**

Eiscremesorten
Vanille
Schokolade
Erdbeere
55 ct pro Kugel

Wie viele verschiedene Auswahlmöglichkeiten gibt es für ein Waffeleis mit 2 Kugeln?

Verstehe die Aufgabe

Plane die Lösung

Löse die Aufgabe

Zusatzaufgabe

Angenommen, es gibt noch die vierte Geschmacksrichtung Karamell.

Wie viele Auswahlmöglichkeiten für ein Eis mit 2 Kugeln gibt es in diesem Fall?

Eintrittskarten

Lehrerblatt **4. Klasse: 7a**

Die Eintrittskarten für das Theaterstück in der Schule kosten 4 € für 2 Personen.

Wenn eine Gruppe von 14 Personen Karten kauft, wie viel bezahlen sie dann?

Personen	2	4	6				
Preis	4 €	8 €					

Verstehe die Aufgabe

- **Für wie viele Personen gilt der Preis?** *(2)*
- **Wie viel bezahlen 2 Personen jeweils?** *(4 €)*
- **Wie viele Personen hat die Gruppe, die sich Karten kauft?** *(14)*

Plane die Lösung

- **2 Personen bezahlen 4 €. Wie viel bezahlen 4 Personen?** *(8 €)*
- **4 Personen bezahlen 8 €. Wie viel bezahlen 6 Personen?** *(12 €)*
- **6 Personen bezahlen 12 €. Wie viel bezahlen 8 Personen?** *(16 €)*
- **Kannst du beim Preis ein Rechenmuster erkennen?** *(Er erhöht sich jeweils um 4 €.)*
- **Welche Preise kommen nach 4 €, 8 €, 12 €?** *(16 €, 20 €)*

Löse die Aufgabe

Stelle die Tabelle fertig/Suche ein Muster.

Personen	2	4	6	*8*	*10*	*12*	*14*
Preis	4 €	8 €	*12 €*	*16 €*	*20 €*	*24 €*	*28 €*

Muster *Der Preis steigt bei 2 Personen jeweils um 4 €.*

Eine Gruppe von 14 Personen bezahlt 28 €.

Zusatzaufgabe

Wenn die Eintrittskarten 40 € kosten, wie viele Personen kaufen dann welche?

Dann kaufen 20 Personen Eintrittskarten.

Eintrittskarten

Arbeitsblatt **4. Klasse: 7a**

Die Eintrittskarten für das Theaterstück in der Schule kosten 4 € für 2 Personen.

Wenn eine Gruppe von 14 Personen Karten kauft, wie viel bezahlen sie dann?

Personen	2	4	6				
Preis	4 €	8 €					

Verstehe die Aufgabe

Plane die Lösung

Löse die Aufgabe

Personen	2	4	6				
Preis	4 €	8 €					

Zusatzaufgabe

Wenn die Eintrittskarten 40 € kosten, wie viele Personen kaufen dann welche?

Fußballsticker

Lehrerblatt **4. Klasse: 7b**

Mark und Paul sammeln Fußballsticker.
Beide haben Alben, in die sie ihre Sticker kleben können.
Mark klebt jeden Tag 6 Sticker in sein Album und Paul klebt jeden Tag 4 Sticker in sein Album.

Wie viele Sticker hat Paul im Album, wenn Mark 36 Sticker im Album hat?

Tipp Stelle die Tabelle fertig.

Tag	1.	2.	3.	4.	5.	6.
Marks Sticker	6	12	18			
Pauls Sticker	4	8	12			

Verstehe die Aufgabe

- **Was sammeln Mark und Paul?** *(Fußballsticker)*
- **Wohin kleben sie ihre Sticker?** *(in ihre Alben)*
- **Wie viele Sticker klebt Mark jeden Tag in sein Album?** *(6)*
- **Wie viele Sticker klebt Paul jeden Tag in sein Album?** *(4)*

Plane die Lösung

- **Erkennst du bei den Zahlen von Marks Stickern ein Rechenmuster?** *(in Sechserschritten weiterzählen)*
- **Nach wie vielen Tagen hat Mark 36 Sticker in seinem Album?** *(6)*
- **Erkennst du ein Rechenmuster bei den Zahlen für Pauls Sticker?** *(in Viererschritten weiterzählen)*
- **Für welchen Tag wollen wir die Anzahl von Pauls Stickern wissen?** *(für den sechsten Tag)*
- **Wie viele Sticker hat Mark am vierten Tag?** *(24)* **Am fünften Tag?** *(30)* **Am sechsten Tag?** *(36)*
- **Wie viele Sticker mehr als am dritten Tag hat Paul am vierten Tag?** *(4 Sticker mehr)*
- **Wie viele Sticker hat Paul am vierten Tag?** *(16)* **Am fünften Tag?** *(20)* **Am sechsten Tag?** *(24)*

Löse die Aufgabe

Stelle die Tabelle fertig/Suche ein Muster.

Tag	1.	2.	3.	4.	5.	6.
Marks Sticker	6	12	18	*24*	*30*	*36*
Pauls Sticker	4	8	12	*16*	*20*	*24*

Muster *Mark hat jeden Tag 6 Sticker mehr, Paul hat jeden Tag 4 Sticker mehr.*

Paul hat 24 Fußballsticker, wenn Mark 36 hat.

Zusatzaufgabe

Wenn Paul 36 Sticker beisammen hat, wie viele hat dann Mark?

Wenn Paul 36 Sticker beisammen hat, hat Mark 54.

Fußballsticker

Arbeitsblatt 4. Klasse: 7b

Mark und Paul sammeln Fußballsticker.
Beide haben Alben, in die sie ihre Sticker kleben können.
Mark klebt jeden Tag 6 Sticker in sein Album und Paul klebt jeden Tag 4 Sticker in sein Album.

Wie viele Sticker hat Paul im Album, wenn Mark 36 Sticker im Album hat?

Tipp Stelle die Tabelle fertig.

Tag	1.	2.	3.	4.	5.	6.
Marks Sticker	6	12	18			
Pauls Sticker	4	8	12			

Verstehe die Aufgabe

Plane die Lösung

Löse die Aufgabe

Tag	1.	2.	3.	4.	5.	6.
Marks Sticker	6	12	18			
Pauls Sticker	4	8	12			

Zusatzaufgabe

Wenn Paul 36 Sticker beisammen hat, wie viele hat dann Mark?

Malsachen

Lehrerblatt **4. Klasse: 8a**

In der Zeichenstunde brauchen jeweils 6 Schüler 4 Malsets.

Wenn die Klasse 36 Schüler hat, wie viele Malsets werden dann benötigt?

Tipp Stelle die Tabelle fertig.

Schüler	**6**	**12**	**18**			
Malsets	**4**	**8**	**12**			

Verstehe die Aufgabe

- **Wie viele Malsets brauchen 6 Schüler?** *(4)*
- **Wie viele Schüler hat die Klasse?** *(36)*
- **Reichen vier Malsets für 36 Schüler aus?** *(Nein, vier Malsets reichen nur für 6 Kinder.)*

Plane die Lösung

- **Schaue dir die Tabelle an. Wie viele Malsets werden für 6 Kinder benötigt?** *(4)* **Für 12 Kinder?** *(8)*
- **Kannst du in der Tabelle für die Anzahl der Kinder ein Rechenmuster erkennen?** *(Man zählt jedes Mal 6 dazu.)*
- **Erkennst du ein Rechenmuster für die Anzahl der Malsets?** *(Jeweils für 6 Kinder werden 4 dazugezählt.)*
- **Welche Zahl kommt in der 1. Tabellenzeile nach 18?** *(24)*
- **Welche Zahl kommt in der 2. Tabellenzeile nach 12?** *(16)*
- **Wie viel ist 18 + 6?** *(24)* **Wie viel ist 24 + 6?** *(30)*
- **Wie viele Malsets mehr werden also noch gebraucht?** *(4 + 4 + 4 = 12)*

Löse die Aufgabe

Stelle die Tabelle fertig/Suche ein Muster.

Schüler	**6**	**12**	**18**	*24*	*30*	*36*
Malsets	**4**	**8**	**12**	*16*	*20*	*24*

Muster *Die Anzahl der Schüler erhöht sich jeweils um 6, die Anzahl der Malsets jeweils um 4.*

Es werden 24 Malsets benötigt.

Zusatzaufgabe

Wenn jeweils 8 Kinder 3 Malsets brauchen, wie viele Malsets werden dann für 32 Kinder benötigt?

Tipp Erstelle eine Tabelle wie oben und finde das Rechenmuster.

Für 32 Kinder werden 12 Malsets benötigt.

Malsachen

Arbeitsblatt **4. Klasse: 8a**

In der Zeichenstunde brauchen jeweils 6 Schüler 4 Malsets.

Wenn die Klasse 36 Schüler hat, wie viele Malsets werden dann benötigt?

Tipp Stelle die Tabelle fertig.

Schüler	6	12	18			
Malsets	4	8	12			

Verstehe die Aufgabe

Plane die Lösung

Löse die Aufgabe

Schüler	6	12	18			
Malsets	4	8	12			

Zusatzaufgabe

Wenn jeweils 8 Kinder 3 Malsets brauchen, wie viele Malsets werden dann für 32 Kinder benötigt?

Tipp Erstelle eine Tabelle wie oben und finde das Rechenmuster.

Stickertausch

Lehrerblatt **4. Klasse: 8b**

Simon und David wollen Fußballsticker tauschen.
Sie einigen sich darauf, dass ein Bundesliga-Sticker 2 Landesliga-Sticker wert ist.
Simon tauscht 14 Landesliga-Sticker gegen einige von Davids Bundesliga-Stickern ein.

Wie viele Bundesliga-Sticker bekommt Simon?

Tipp Stelle die Tabelle fertig.

Landesliga-Sticker	**2**	**4**	**6**				
Bundesliga-Sticker	**1**	**2**	**3**				

Verstehe die Aufgabe

- **Was wollen Simon und David tauschen?** *(Fußballsticker)*
- **Wie viele Bundesliga-Sticker sind 2 Landesliga-Sticker wert?** *(1)*
- **Wie viele Landesliga-Sticker tauscht Simon gegen Bundesliga-Sticker ein?** *(14)*

Plane die Lösung

- **Kannst du in der Tabelle für die Anzahl der Landesliga-Sticker ein Rechenmuster erkennen?** *(Sie erhöht sich jeweils um 2.)*
- **Erkennst du auch ein Rechenmuster für die Anzahl der Bundesliga-Sticker?** *(Sie erhöht sich jeweils um 1.)*
- **Fülle die 1. Tabellenzeile fertig aus, indem du in Zweierschritten weitergehst.**
- **Fülle nun die 2. Tabellenzeile fertig aus.**

Löse die Aufgabe

Stelle die Tabelle fertig/Suche ein Muster.

Landesliga-Sticker	**2**	**4**	**6**	*8*	*10*	*12*	*14*
Bundesliga-Sticker	**1**	**2**	**3**	*4*	*5*	*6*	*7*

Muster *Die Anzahl der Landesliga-Sticker geht in Zweierschritten nach oben, die Anzahl der Bundesliga-Sticker erhöht sich jeweils um 1.*

Simon bekommt 7 Bundesliga-Sticker.

Zusatzaufgabe

David tauscht 12 Bundesliga-Sticker mit seinem Freund Matthias.

Wie viele Landesliga-Sticker bekommt David dafür?

David bekommt dafür 24 Landesliga-Sticker.

Stickertausch

Arbeitsblatt **4. Klasse: 8b**

Simon und David wollen Fußballsticker tauschen.
Sie einigen sich darauf, dass ein Bundesliga-Sticker 2 Landesliga-Sticker wert ist.
Simon tauscht 14 Landesliga-Sticker gegen einige von Davids Bundesliga-Stickern ein.

Wie viele Bundesliga-Sticker bekommt Simon?

Tipp Stelle die Tabelle fertig.

Landesliga-Sticker	**2**	**4**	**6**				
Bundesliga-Sticker	**1**	**2**	**3**				

Verstehe die Aufgabe

Plane die Lösung

Löse die Aufgabe

Landesliga-Sticker	**2**	**4**	**6**				
Bundesliga-Sticker	**1**	**2**	**3**				

Zusatzaufgabe

David tauscht 12 Bundesliga-Sticker mit seinem Freund Matthias.

Wie viele Landesliga-Sticker bekommt David dafür?

Quadrate

Lehrerblatt **4. Klasse: 9a**

Suche ein Muster bei der Reihe aus Quadratwürfeln.

Schattiere die letzten 3 Quadratwürfel dem Muster entsprechend.

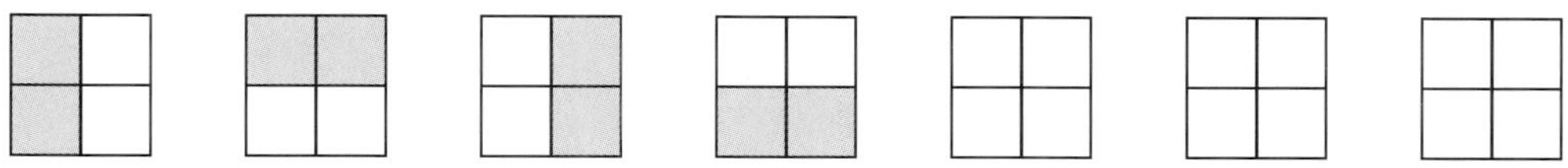

Verstehe die Aufgabe

- **Schaue dir die Quadratwürfel an. Sehen alle genau gleich aus?** *(nein)*
- **Wie unterscheiden sie sich?** *(Graue und weiße Quadrate sind verschieden angeordnet.)*
- **Was sollst du machen?** *(Die letzten 3 Quadratwürfel dem Muster entsprechend schattieren.)*

Plane die Lösung

- **Welche Quadrate im 1. Würfel sind grau?** *(die linke Hälfte)*
- **Welche Quadrate im 2. Würfel sind grau?** *(die obere Hälfte)*
- **Wie würdest du den 1. Würfel drehen, damit der wie der 2. aussieht?** *(im Uhrzeigersinn)*
- **Wie würdest du den 2. Würfel drehen, damit er wie der 3. aussieht?** *(im Uhrzeigersinn)*
- **Führe das Muster fort.**

Löse die Aufgabe

Suche ein Muster.

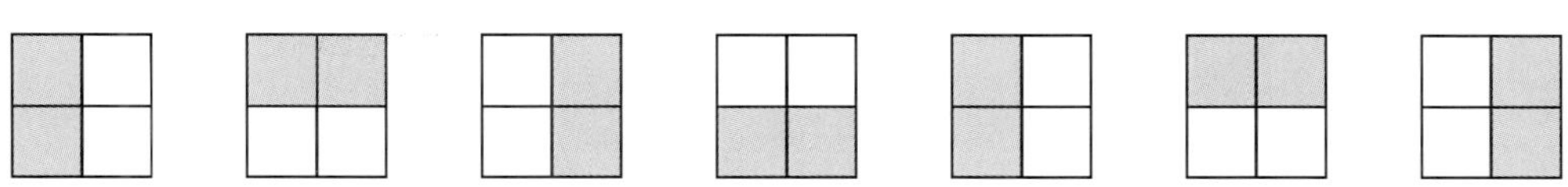

Muster *Die Würfel im Uhrzeigersinn weiterdrehen: beim nächsten ist wieder die linke Hälfte grau, dann die obere Hälfte, zuletzt die rechte Hälfte.*

Zusatzaufgabe

Suche das Muster bei dieser Reihe aus Quadratwürfeln und schattiere die letzten 3 Quadratwürfel entsprechend.

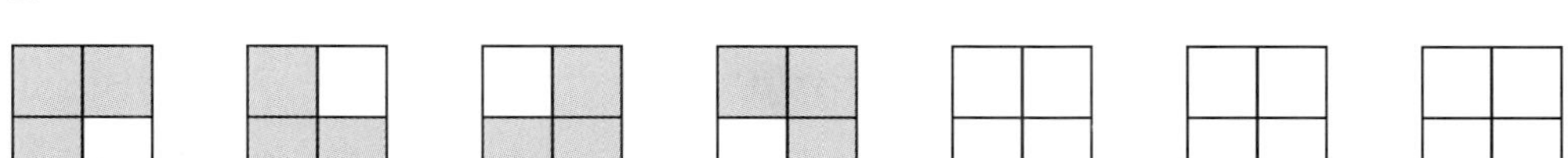

Muster *Die Würfel im entgegen dem Uhrzeigersinn weiterdrehen.*

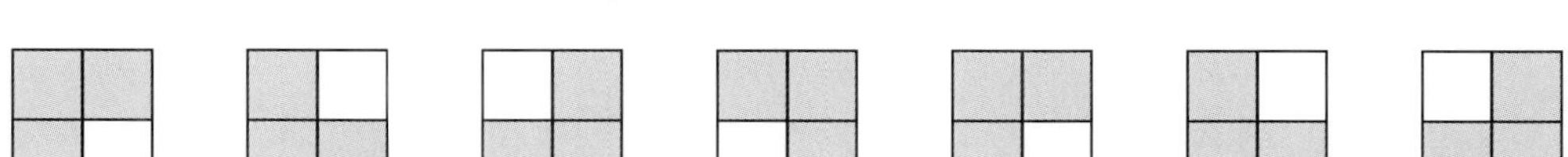

Quadrate

Arbeitsblatt **4. Klasse: 9a**

Suche ein Muster bei der Reihe aus Quadratwürfeln.

Schattiere die letzten 3 Quadratwürfel dem Muster entsprechend.

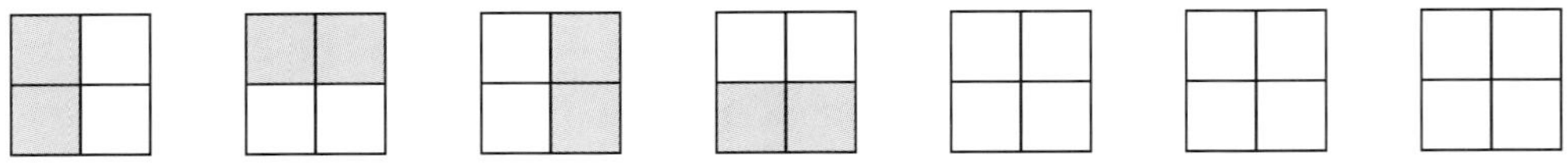

Verstehe die Aufgabe

Plane die Lösung

Löse die Aufgabe

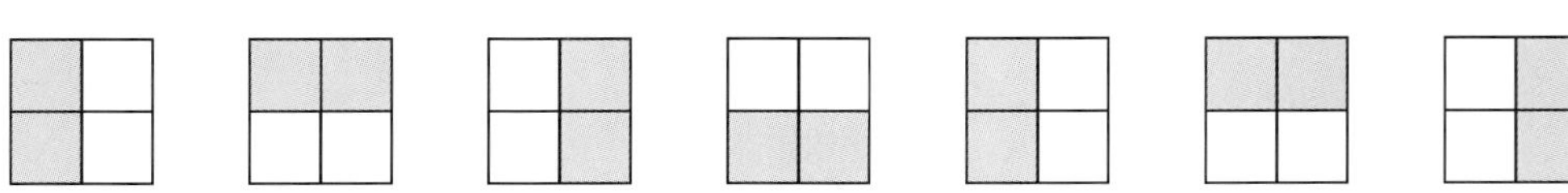

Zusatzaufgabe

Suche das Muster bei dieser Reihe aus Quadratwürfeln und schattiere die letzten 3 Quadratwürfel entsprechend.

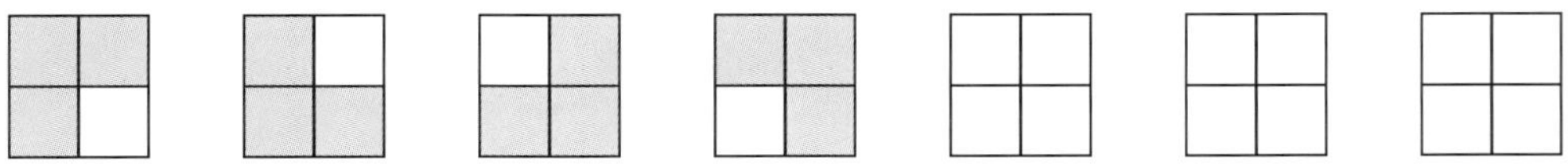

„T"-Formen

Lehrerblatt **4. Klasse: 9b**

Aus wie vielen Quadraten wird das vierte „T" bestehen?

Tipp **Suche ein Muster.**

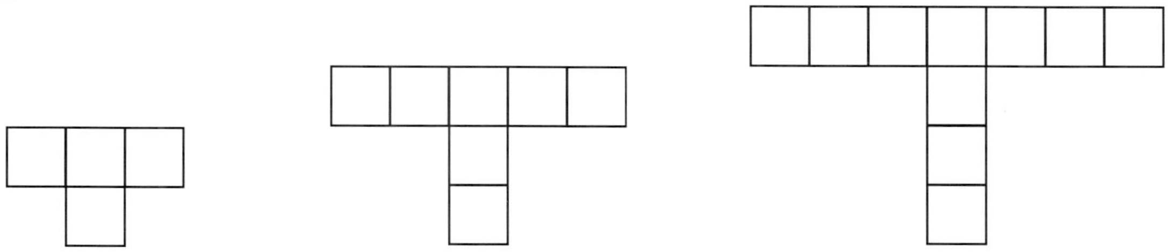

Verstehe die Aufgabe

- **Aus welchen kleineren Formen setzt sich ein „T" zusammen?** *(aus Quadraten)*
- **Was sollst du bei dieser Aufgabe machen?** *(Angeben, aus wie vielen Quadraten das vierte – nächste – „T" bestehen wird.)*

Plane die Lösung

- **Aus wie vielen Quadraten besteht das erste „T"?** *(4)*
- **Aus wie vielen Quadraten besteht das zweite „T"?** *(7)*
- **Aus wie vielen Formen besteht das dritte „T"?** *(10)*
- **Kannst du ein Muster erkennen?** *Zeichne das nächste „T".*

Löse die Aufgabe

Suche ein Muster.

Das Muster sieht so aus, dass an jedem Ende des „T" ein Quadrat hinzugefügt wird, also insgesamt 3 Quadrate bei jedem neuen „T".

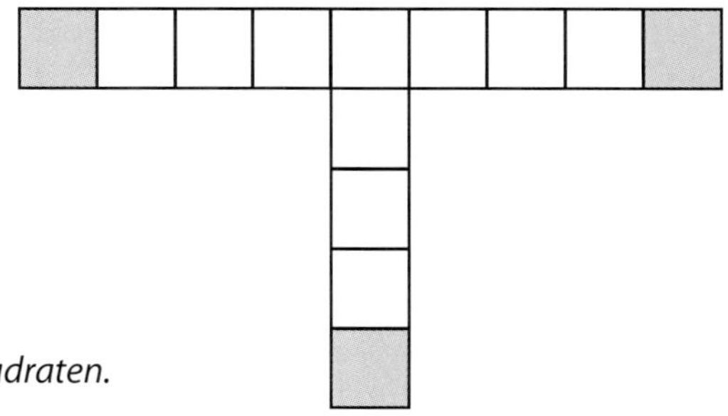

Muster *4, 7, 10, 13 …*

Das vierte „T" besteht aus 13 Quadraten.

Zusatzaufgabe

Aus wie vielen Quadraten wird hier die vierte Form bestehen?

Sie besteht aus 7 Quadraten.

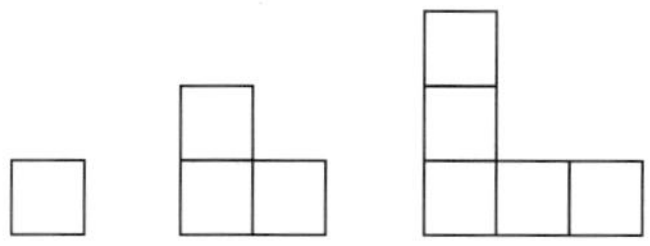

„T"-Formen

Arbeitsblatt **4. Klasse: 9b**

Aus wie vielen Quadraten wird das vierte „T" bestehen?

Tipp **Suche ein Muster.**

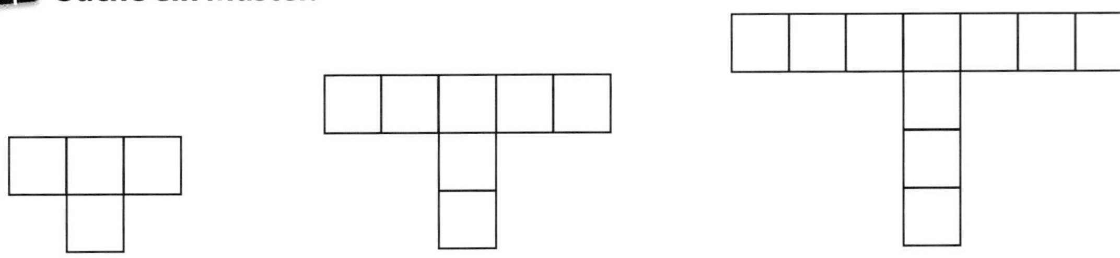

Verstehe die Aufgabe

Plane die Lösung

Löse die Aufgabe

Zusatzaufgabe

Aus wie vielen Quadraten wird hier die vierte Form bestehen?

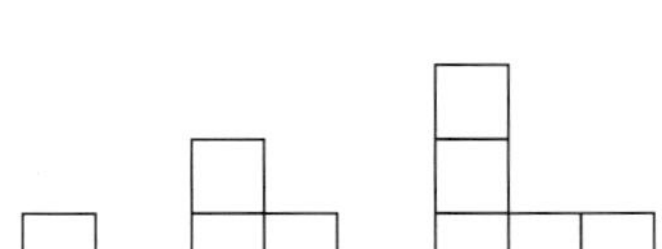

Zauberbohne

Lehrerblatt **4. Klasse: 10a**

Am Montag ist die Zauberbohne 4 cm hoch.
Am Dienstag verdoppelt sie ihre Höhe, misst also 8 cm.
Die Zauberbohne ist an jedem folgenden Tag immer doppelt so hoch wie am Vortag.

Wie hoch wird die Zauberbohne am Freitag sein?

Tipp Suche ein Muster.

Verstehe die Aufgabe

- **Wie hoch ist die Zauberbohne am Montag?** *(4 cm)*
- **Wie hoch ist sie am Dienstag?** *(8 cm)*
- **Wie viel wächst die Zauberbohne jeden Tag?** *(Sie verdoppelt ihre Höhe.)*
- **Was bedeutet „Sie verdoppelt ihre Höhe"?** *(Sie wird zweimal so hoch wie am Vortag.)*

Plane die Lösung

- **Lege eine Tabelle an, aus der man ersehen kann, wie hoch die Zauberbohne an den einzelnen Tagen ist.** *(s. Lösung)*

Löse die Aufgabe

Suche ein Muster/Erstelle eine Tabelle.

Tage	Montag	Dienstag	Mittwoch	Donnerstag	Freitag
Höhe	4 cm	8 cm	16 cm	32 cm	64 cm

Am Freitag wird die Zauberbohne 64 cm hoch sein.

Zusatzaufgabe

Ab dem Samstag verdoppelt die Zauberbohne ihre Höhe nicht mehr. Am Samstag ist sie 66 cm hoch, am Sonntag 68 cm.

Wie hoch wird die Zauberbohne am darauf folgenden Donnerstag sein, wenn sie jeden Tag gleichmäßig wächst?

Am Donnerstag wird die Zauberbohne 76 cm hoch sein.

Zauberbohne

Arbeitsblatt **4. Klasse: 10a**

Am Montag ist die Zauberbohne 4 cm hoch.
Am Dienstag verdoppelt sie ihre Höhe, misst also 8 cm.
Die Zauberbohne ist an jedem folgenden Tag immer doppelt so hoch wie am Vortag.

Wie hoch wird die Zauberbohne am Freitag sein?

Tipp Suche ein Muster.

Verstehe die Aufgabe

Plane die Lösung

Löse die Aufgabe

Zusatzaufgabe

Ab dem Samstag verdoppelt die Zauberbohne ihre Höhe nicht mehr. Am Samstag ist sie 66 cm hoch, am Sonntag 68 cm.

Wie hoch wird die Zauberbohne am darauf folgenden Donnerstag sein, wenn sie jeden Tag gleichmäßig wächst?

Ferkelwachstum

Lehrerblatt **4. Klasse: 10b**

Robert hat als Haustier ein Ferkel, das sehr schnell wächst. Als Robert es bekam, war es nur 1 kg schwer. Nach einem Monat brachte es schon 7 kg auf die Waage. Nach 2 Monaten wog das Ferkel 12 kg. Nach 3 Monaten waren es 16 kg.
Robert sagt, dass er hier ein Rechenmuster sieht.

Suche das Rechenmuster und ermittle damit das Gewicht des Ferkels nach 6 Monaten.

Verstehe die Aufgabe

- **Wie schwer war das Ferkel, als Robert es bekam?** *(1 kg)*
- **Wie schwer war es nach einem Monat?** *(7 kg)*
- **Wann wog das Ferkel 12 kg?** *(nach 2 Monaten)* **Wann wog es 16 kg?** *(nach 3 Monaten)*

Plane die Lösung

- **Kannst du dir aufschreiben, wie schwer das Ferkel in jedem Monat war?** *(1 kg, 7 kg, 12 kg, 16 kg)*
- **Wie viel Gewicht hatte es nach dem ersten Monat zugelegt?** *(6 kg)*
- **Wie viel hatte es nach dem zweiten Monat zugenommen?** *(5 kg)*
- **Und wie viel nach dem dritten Monat?** *(4 kg)*
- **Sage mit Hilfe des Rechenmusters voraus, wie viel das Ferkel nach dem vierten Monat zugenommen haben wird.** *(3 kg)* **Nach dem fünften Monat?** *(2 kg)* **Nach dem sechsten Monat?** *(1 kg)*
- *Stelle die Tabelle entsprechend diesem Rechenmuster fertig.*

Monate	0	1	2	3	4	5	6
Gewicht des Ferkels	1 kg	7 kg	12 kg	16 kg			
zugenommen	–	6 kg	5 kg	4 kg			

Löse die Aufgabe

Suche ein Muster/Erstelle eine Tabelle.

Monate	0	1	2	3	4	5	6
Gewicht des Ferkels	1 kg	7 kg	12 kg	16 kg	*19 kg*	*21 kg*	*22 kg*
zugenommen	–	6 kg	5 kg	4 kg	*3 kg*	*2 kg*	*1 kg*

Muster *Nach jedem Monat nimmt das Ferkel 1 kg weniger zu als im Vormonat.*

Nach sechs Monaten wiegt das Ferkel 22 kg.

Zusatzaufgabe

Als Robert das Ferkel bekam, war es 18 cm groß. Nach einem Monat maß es 24 cm. Nach 2 Monaten war es 29 cm und nach 3 Monaten 33 cm groß.

Wann wird das Ferkel 38 cm groß sein?

Nach 5 Monaten wird es 38 cm groß sein.

Ferkelwachstum

Arbeitsblatt **4. Klasse: 10b**

Robert hat als Haustier ein Ferkel, das sehr schnell wächst. Als Robert es bekam, war es nur 1 kg schwer. Nach einem Monat brachte es schon 7 kg auf die Waage. Nach 2 Monaten wog das Ferkel 12 kg. Nach 3 Monaten waren es 16 kg.
Robert sagt, dass er hier ein Rechenmuster sieht.

Suche das Rechenmuster und ermittle damit das Gewicht des Ferkels nach 6 Monaten.

Verstehe die Aufgabe

Plane die Lösung

Löse die Aufgabe

Zusatzaufgabe

Als Robert das Ferkel bekam, war es 18 cm groß. Nach einem Monat maß es 24 cm. Nach 2 Monaten war es 29 cm und nach 3 Monaten 33 cm groß.

Wann wird das Ferkel 38 cm groß sein?

Welche Städte?

Lehrerblatt **4. Klasse: 11a**

Terry ist ein britischer Lastwagenfahrer. Er sieht sich die Entfernungstabelle an um zu sehen, wie lang seine nächste Tour ist.

Von welcher Stadt zu welcher fährt er?

Tipp Nimm die Entfernungstabelle und die Anhaltspunkte zu Hilfe.

Anhaltspunkt 1: Die Entfernung beträgt weniger als 250 Meilen.
Anhaltspunkt 2: Die Entfernung wird durch eine ungerade Zahl angegeben.
Anhaltspunkt 3: Die Entfernungszahl hat weder die Ziffer 1 noch die Ziffer 5.

	Birmingham	Cardiff	Edinburgh	London	Newcastle	Plymouth
Birmingham	–	108	296	120	210	203
Cardiff	108	–	401	155	321	162
Edinburgh	296	401	–	412	108	496
London	120	155	412	–	287	241
Newcastle	210	321	108	287	–	415
Plymouth	203	162	496	241	415	–

Verstehe die Aufgabe

- **Was sieht sich Terry an?** *(die Entfernungstabelle)* **Warum?** *(Um zu sehen wie lang seine nächste Tour ist.)*
- **Ist angegeben, von welcher Stadt zu welcher er fährt?** *(nein)*
- **Ist die Entfernung größer oder kleiner als 250 Meilen?** *(kleiner)*
- **Muss ich wissen, wie viel eine Meile umgerechnet in km ist?** *(nein)*
- **Welche Ziffern kommen nicht in der Entfernungszahl vor?** *(1 und 5)* **Ist diese Zahl gerade oder ungerade?** *(ungerade)*

Plane die Lösung

- **Musst du dir alle Zahlen in der Tabelle ansehen?** *(nein, nur jeweils die über oder unter der Diagonale)*
- **Streiche alle Entfernungszahlen weg, die größer sind als 250.**
- **Streiche mit Hilfe der Anhaltspunkte bestimmte andere Zahlen weg.**

Löse die Aufgabe

Denke logisch.

Schritt 1: Entfernungszahlen, die kleiner sind als 250: 108, 120, 210, 203, 155, 162, 108, 241
Schritt 2: Ungerade Zahlen: 203, 155, 241
Schritt 3: Zahlen ohne die Ziffern 1 und 5: 203

Terry fährt von Birmingham nach Plymouth (oder umgekehrt); beide Städte sind 203 Meilen voneinander entfernt.

Zusatzaufgabe

Suche die beiden Städte, deren Entfernungszahl:

1. **größer ist als 400;**
2. **gerade ist;**
3. **die Ziffer 6 nicht enthält.**

London und Edinburgh (412 Meilen).

Welche Städte?

Arbeitsblatt 4. Klasse: 11a

Terry ist ein britischer Lastwagenfahrer. Er sieht sich die Entfernungstabelle an um zu sehen, wie lang seine nächste Tour ist.

Von welcher Stadt zu welcher fährt er?

Tipp Nimm die Entfernungstabelle und die Anhaltspunkte zu Hilfe.

Anhaltspunkt 1: Die Entfernung beträgt weniger als 250 Meilen.

Anhaltspunkt 2: Die Entfernung wird durch eine ungerade Zahl angegeben.

Anhaltspunkt 3: Die Entfernungszahl hat weder die Ziffer 1 noch die Ziffer 5.

	Birmingham	Cardiff	Edinburgh	London	Newcastle	Plymouth
Birmingham	–	108	296	120	210	203
Cardiff	108	–	401	155	321	162
Edinburgh	296	401	–	412	108	496
London	120	155	412	–	287	241
Newcastle	210	321	108	287	–	415
Plymouth	203	162	496	241	415	–

Verstehe die Aufgabe

Plane die Lösung

Löse die Aufgabe

Zusatzaufgabe

Suche die beiden Städte, deren Entfernungszahl:

1. **größer ist als 400;**
2. **gerade ist;**
3. **die Ziffer 6 nicht enthält.**

Geburtstagskind

Lehrerblatt **4. Klasse: 11b**

Leon hat im Mai Geburtstag.

An welchem Tag im Mai hat er Geburtstag?

Tipp Nimm den Kalender und die Anhaltspunkte zu Hilfe.

Anhaltspunkt 1: In diesem Jahr fällt sein Geburtstag nicht auf ein Wochenende.
Anhaltspunkt 2: Das Datum hat 2 Ziffern.
Anhaltspunkt 3: Die Summe der Ziffern ist 8.
Anhaltspunkt 4: Das Datum ist eine gerade Zahl.

MAI						
So	**Mo**	**Di**	**Mi**	**Do**	**Fr**	**Sa**
	1	2	3	4	5	6
7	8	9	10	11	12	13
14	15	16	17	18	19	20
21	22	23	24	25	26	27
28	29	30	31			

Verstehe die Aufgabe

- **Was versuchst du herauszufinden?** *(An welchem Tag im Mai Leon Geburtstag hat.)*
- **Könnte er an einem Samstag Geburtstag haben?** *(nein)*
- **Hat das Datum eine oder zwei Ziffern?** *(2)*
- **Welche Summe ergeben die beiden Ziffern?** *(8)*
- **Ist das Datum eine ungerade Zahl?** *(nein)*

Plane die Lösung

- **Kannst du 2 Zahlenspalten wegstreichen?** *(ja, die Spalten für Samstag und Sonntag)*
- **Welche Daten in den ersten beiden Wochen kannst du wegstreichen?** *(alle Daten mit nur 1 Ziffer)*

Löse die Aufgabe

Denke logisch.

Schritt 1: Die Daten, die auf Wochenenden fallen, wegstreichen: 6/7, 13/14, 20/21, 27/28.
Schritt 2: Daten mit nur 1 Ziffer wegstreichen: 1, 2, 3, 4, 5, 6, 7, 8, 9.
Schritt 3: Alle Daten wegstreichen, deren Ziffern nicht 8 ergeben: 10, 11, 12, 13, 14, 15, 16, 18, 19, 20, 21, 22, 23, 24, 25, 27, 28, 29, 30, 31.
Schritt 4: Von den restlichen beiden Daten die ungerade Zahl wegstreichen: 17.

Leon hat am 26. Mai Geburtstag.

Zusatzaufgabe

Martha hat auch im Mai Geburtstag. Ihr Geburtstagsdatum fällt dieses Jahr auf ein Wochenende. Das Datum hat 2 Ziffern und es kommt im Siebener-Einmaleins vor. Das Datum ist eine ungerade Zahl.

An welchem Tag im Mai hat Martha Geburtstag?

Sie hat am 21. Mai Geburtstag.

Geburtstagskind

Arbeitsblatt **4. Klasse: 11b**

Leon hat im Mai Geburtstag.

An welchem Tag im Mai hat er Geburtstag?

Tipp Nimm den Kalender und die Anhaltspunkte zu Hilfe.

Anhaltspunkt 1: In diesem Jahr fällt sein Geburtstag nicht auf ein Wochenende.
Anhaltspunkt 2: Das Datum hat 2 Ziffern.
Anhaltspunkt 3: Die Summe der Ziffern ist 8.
Anhaltspunkt 4: Das Datum ist eine gerade Zahl.

MAI

So	Mo	Di	Mi	Do	Fr	Sa
	1	2	3	4	5	6
7	8	9	10	11	12	13
14	15	16	17	18	19	20
21	22	23	24	25	26	27
28	29	30	31			

Verstehe die Aufgabe

Plane die Lösung

Löse die Aufgabe

Zusatzaufgabe

Martha hat auch im Mai Geburtstag. Ihr Geburtstagsdatum fällt dieses Jahr auf ein Wochenende. Das Datum hat 2 Ziffern und es kommt im Siebener-Einmaleins vor. Das Datum ist eine ungerade Zahl.

An welchem Tag im Mai hat Martha Geburtstag?

Wie viele Punkte? Lehrerblatt 4. Klasse: 12a

Kati spielt ein Computerspiel und erreicht mehr als 60, aber weniger als 80 Punkte. Die beiden Ziffern des gesuchten Punktestands liegen 1 auseinander. Die Summe der beiden Ziffern ergibt mehr als 14.

Wie viele Punkte erreicht Kati?

Tipp Denke logisch.

Verstehe die Aufgabe

- **Was macht Kati?** *(Sie spielt ein Computerspiel.)*
- **Sie erreicht dabei mehr als wie viele Punkte?** *(60)* **Aber weniger als wie viele Punkte?** *(80)*
- **Was weißt du über die beiden Ziffern ihrer Punktezahl?** *(Sie liegen 1 auseinander.)*
- **Was weißt du über die Summe der beiden Ziffern?** *(Sie ist größer als 14.)*
- **Was versuchst du herauszufinden?** *(Wie viele Punkte Kati bei dem Spiel erreicht.)*

Plane die Lösung

- **Kannst du alle Zahlen zwischen 60 und 80 auflisten?** *(s. Lösung)*
- **Kannst du die Zahlen finden, deren Ziffern 1 auseinander liegen?** *(65, 67, 76, 78)*
- **Welche Summe ergeben beispielsweise die Ziffern der Zahl 43?** *(4 + 3 = 7)*

Löse die Aufgabe

Denke logisch/Mache eine geordnete Aufstellung.

61 62 63 64 **65** 66 **67** 68 69 70 71 72 73 74 75 **76** 77 **78** 79

65 → **Summe ergibt** *11*
67 → **Summe ergibt** *13*
76 → **Summe ergibt** *13*
78 → **Summe ergibt** *15*

Kati erreicht beim Computerspiel 78 Punkte.

Zusatzaufgabe

Katis Freundin Micha spielt auch am Computer. Micha erreicht mehr als 70, aber weniger als 90 Punkte. Ihre Punktezahl ist ungerade und die beiden Ziffern des gesuchten Punktestands liegen 2 auseinander. Die Summe der beiden Ziffern ergibt weniger als 15.

Wie viele Punkte erreicht Micha?

Micha erreicht beim Computerspiel 75 Punkte.

Wie viele Punkte? Arbeitsblatt 4. Klasse: 12a

Kati spielt ein Computerspiel und erreicht mehr als 60, aber weniger als 80 Punkte. Die beiden Ziffern des gesuchten Punktestands liegen 1 auseinander. Die Summe der beiden Ziffern ergibt mehr als 14.

Wie viele Punkte erreicht Kati?

Tipp Denke logisch.

Verstehe die Aufgabe

Plane die Lösung

Löse die Aufgabe

Zusatzaufgabe

Katis Freundin Micha spielt auch am Computer. Micha erreicht mehr als 70, aber weniger als 90 Punkte. Ihre Punktezahl ist ungerade und die beiden Ziffern des gesuchten Punktestands liegen 2 auseinander. Die Summe der beiden Ziffern ergibt weniger als 15.

Wie viele Punkte erreicht Micha?

Jünger und älter

Lehrerblatt **4. Klasse: 12b**

Julia ist jünger als Kim. Miriam ist älter als Kim.

Wer ist die Älteste von den dreien?

Verstehe die Aufgabe

- **Wie heißen die drei Mädchen?** *(Julia, Kim und Miriam)*
- **Sind alle drei gleich alt?** *(nein)*
- **Was erfährst du über Julia?** *(Sie ist jünger als Kim.)*
- **Was weißt du über Miriam?** *(Sie ist älter als Kim.)*
- **Was versuchen wir herauszufinden?** *(Wer die Älteste von den dreien ist.)*

Plane die Lösung

- **Wenn Julia jünger ist als Kim, kann Julia dann die Älteste sein?** *(nein)*
- **Ist Miriam jünger oder älter als Kim?** *(älter)*
- **Kannst du die Namen der Mädchen in der Reihenfolge ihres Alters hinschreiben?** *(s. Lösung)*

Löse die Aufgabe

Denke logisch/Mache eine geordnete Aufstellung.

Miriam (Miriam ist älter als Kim.)
Kim
Julia (Julia ist jünger als Kim.)

Miriam ist die Älteste von den dreien.

Zusatzaufgabe

Kim ist größer als Julia. Julia ist kleiner als Miriam.

Wer ist die Kleinste von den dreien?

Julia ist die Kleinste von den dreien.

Jünger und älter

Arbeitsblatt **4. Klasse: 12b**

Julia ist jünger als Kim. Miriam ist älter als Kim.

Wer ist die Älteste von den dreien?

Verstehe die Aufgabe

Plane die Lösung

Löse die Aufgabe

Zusatzaufgabe

Kim ist größer als Julia. Julia ist kleiner als Miriam.

Wer ist die Kleinste von den dreien?

Zielschießen

Lehrerblatt **4. Klasse: 13a**

Simon spielt Zielschießen. Er bringt alle 3 Bälle ins Ziel und erzielt genau 18 Punkte.

Welche Zielringe könnte er mit den einzelnen Bällen getroffen haben?

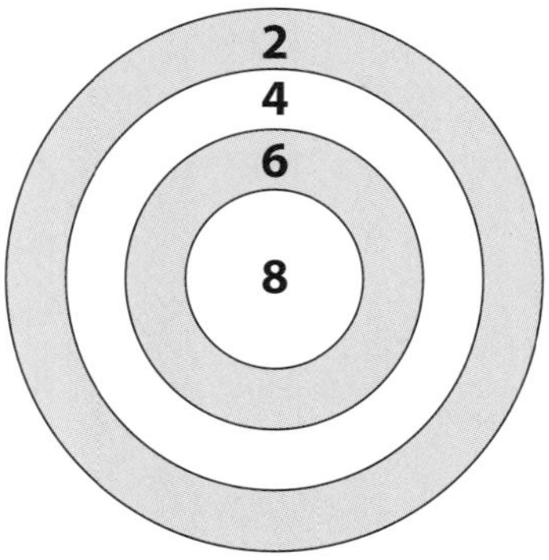

Verstehe die Aufgabe

- **Wie viele seiner Bälle bringt Simon ins Ziel?** *(3)*
- **Welche Punktzahl erzielt er?** *(18)*
- **Was versuchst du herauszufinden?** *(Welche Zielringe er mit den einzelnen Bällen getroffen haben könnte.)*

Plane die Lösung

- **Wenn er mit einem Ball 8 Punkte trifft, wie viel erzielt er dann mit den beiden anderen Bällen zusammengenommen?** *(10 Punkte)*
- **Welche beiden Zielringe ergeben zusammen 10 Punkte?** *(6 und 4)*
- **Wenn er mit einem Ball 2 Punkte trifft, wie viel erzielt er dann mit den beiden anderen Bällen zusammengenommen?** *(16 Punkte)*
- **Welche beiden Zielringe ergeben zusammen 16 Punkte? (***8 und 8)*
- **Wenn er mit einem Ball 6 Punkte trifft, wie viel erzielt er dann mit den beiden anderen Bällen zusammengenommen?** *(12 Punkte)*
- **Welche beiden Zielringe ergeben zusammen 16 Punkte?** *(6 und 6)*
- **Gibt es mehr als eine Möglichkeit, wie man hier mit 3 Golfbällen 18 Punkte erzielen kann?** *(ja)*

Löse die Aufgabe

Versuche und verbessere.

Versuche es mit 8 Punkten für den ersten Ball. Dann bleiben 10 Punkte für die beiden anderen Bälle übrig. Mit ihnen erzielt Simon 6 und 4 Punkte. Lösung: 8, 6 und 4.

Versuche es mit 2 Punkten für den ersten Ball. Dann bleiben 16 Punkte für die beiden anderen Bälle übrig. Mit ihnen erzielt Simon 8 und 8 Punkte. Lösung: 2, 8 und 8.

Versuche es mit 6 Punkten für den ersten Ball. Dann bleiben 12 Punkte für die beiden anderen Bälle übrig. Mit ihnen erzielt Simon 6 und 6 Punkte. Lösung: 6, 6 und 6.

Simon könnte mit seinen 3 Bällen die Zielringe 8, 6, 4 oder 2, 8, 8 oder 6, 6, 6 getroffen haben.

Zusatzaufgabe

Angenommen, Simon trifft mit 4 Golfbällen ins Ziel und erzielt 22 Punkte.

Welche Zielringe könnte er mit den einzelnen Bällen getroffen haben?

Die möglichen Lösungen sind: 8, 6, 4, 4 oder 8, 8, 4, 2 oder 8, 6, 6, 2 oder 6, 6, 6, 4.

Zielschießen

Arbeitsblatt 4. Klasse: 13a

Simon spielt Zielschießen. Er bringt alle 3 Bälle ins Ziel und erzielt genau 18 Punkte.

Welche Zielringe könnte er mit den einzelnen Bällen getroffen haben?

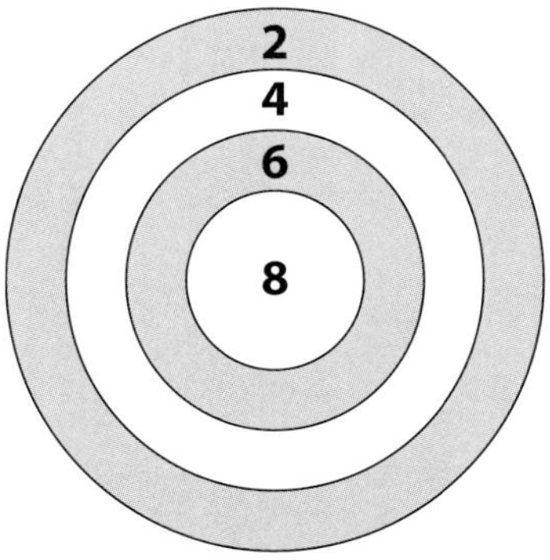

Verstehe die Aufgabe

Plane die Lösung

Löse die Aufgabe

Zusatzaufgabe

Angenommen, Simon trifft mit 4 Golfbällen ins Ziel und erzielt 22 Punkte.

Welche Zielringe könnte er mit den einzelnen Bällen getroffen haben?

Tischaufstellung

Lehrerblatt **4. Klasse: 13b**

Herr Preisel bittet Stefan 4 quadratische Tische im Klassenzimmer aufzustellen.

Wie viele verschiedene Aufstellmöglichkeiten hat Stefan, wenn die Tische jeweils mit einer Kante aneinander gestellt sein sollen?

So: 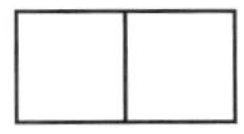 Nicht so: 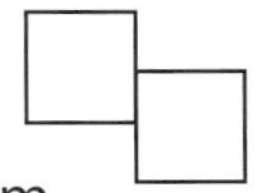

Anmerkung: Die Spiegelung oder Drehung einer Aufstellform gilt nicht als neue Form.

Zum Beispiel:

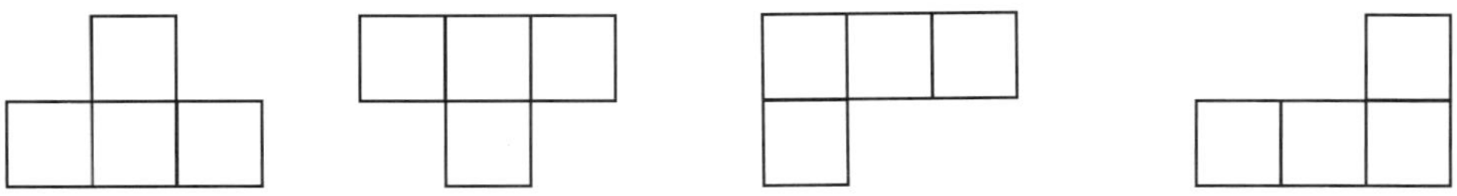

gelten als die gleiche Aufstellform — gelten als die gleiche Aufstellform

Verstehe die Aufgabe

- **Worum bittet Herr Preisel Stefan?** *(4 quadratische Tische im Klassenzimmer aufzustellen.)*
- **Wie sollen die Tische aufgestellt sein?** *(So, dass sie mit einer Kante aneinander stehen.)*
- **Was versuchst du herauszufinden?** *(Wie viele verschiedene Aufstellmöglichkeiten es gibt.)*

Plane die Lösung

- **Kannst du 4 Tische in einer Reihe aufzeichnen?** *(s. Lösung)*
- **Kannst du die verschiedenen Aufstellmöglichkeiten mit 3 Tischen in einer Reihe aufzeichnen?** *(s. Lösung)*
- **Kannst du die verschiedenen Aufstellmöglichkeiten mit 2 Tischen in einer Reihe aufzeichnen?** *(s. Lösung)*

Löse die Aufgabe

Zeichne Bilder.

4 Tische in einer Reihe (1)

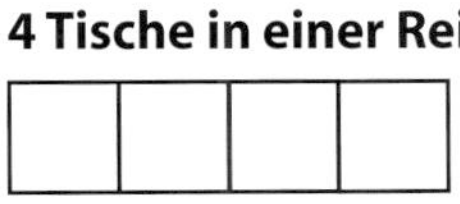

3 Tische in einer Reihe (2)

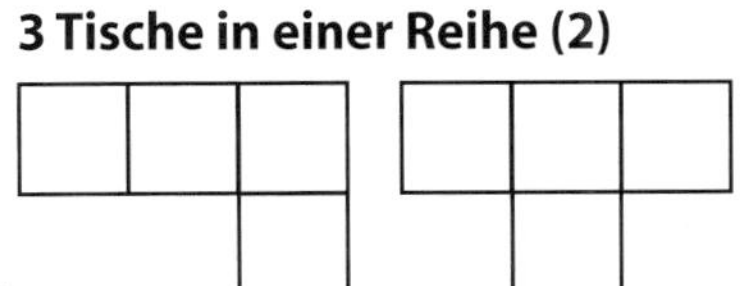

2 Tische in einer Reihe (2)

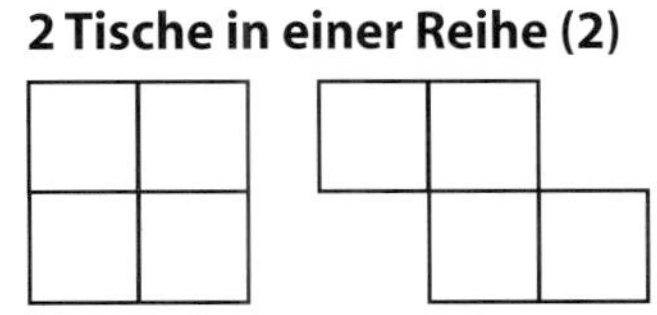

*Stefan hat **5** verschiedene Aufstellmöglichkeiten.*

Zusatzaufgabe

Angenommen, die Tische wären Rechtecke und ihre Längskante doppelt so lang wie ihre Breitkante.

Wie viele verschiedene Aufstellmöglichkeiten gibt es mit 3 Tischen?

Anmerkung: Wenigstens an einer Seite müssen die Tischecken auf einer geraden Linie liegen.

So: 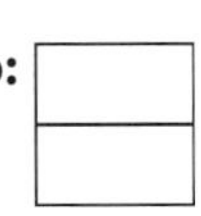 **Oder so:** 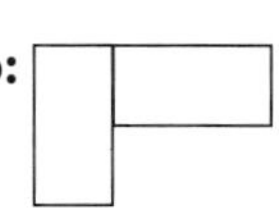 **Nicht so:** 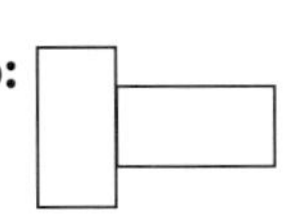

3 Tische in einer Reihe (2)

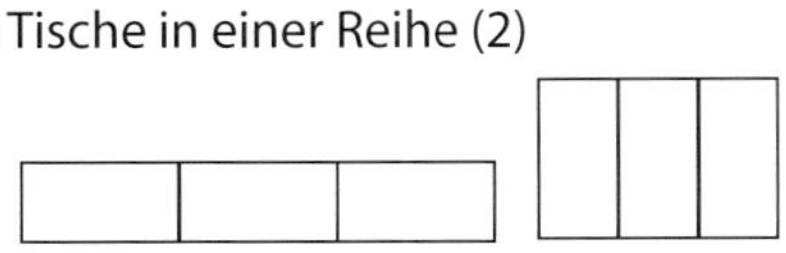

2 Tische in einer Reihe (6)

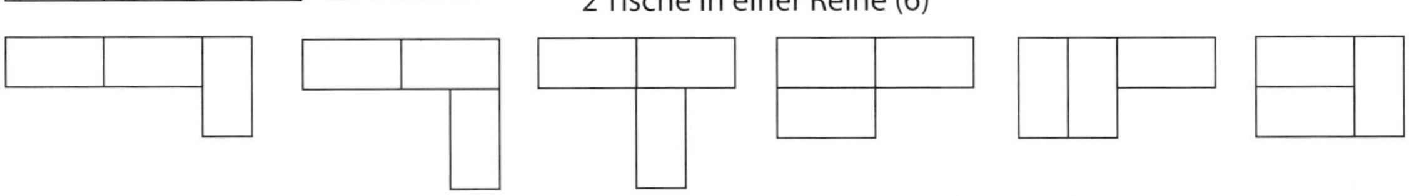

*Es gibt **8** verschiedene Aufstellmöglichkeiten für 3 Tische.*

Tischaufstellung

Arbeitsblatt **4. Klasse: 13b**

Herr Preisel bittet Stefan 4 quadratische Tische im Klassenzimmer aufzustellen.

Wie viele verschiedene Aufstellmöglichkeiten hat Stefan, wenn die Tische jeweils mit einer Kante aneinander gestellt sein sollen?

So: 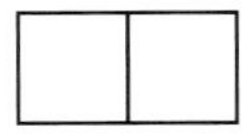 Nicht so: 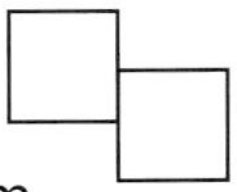

Anmerkung: Die Spiegelung oder Drehung einer Aufstellform gilt nicht als neue Form.

Zum Beispiel:

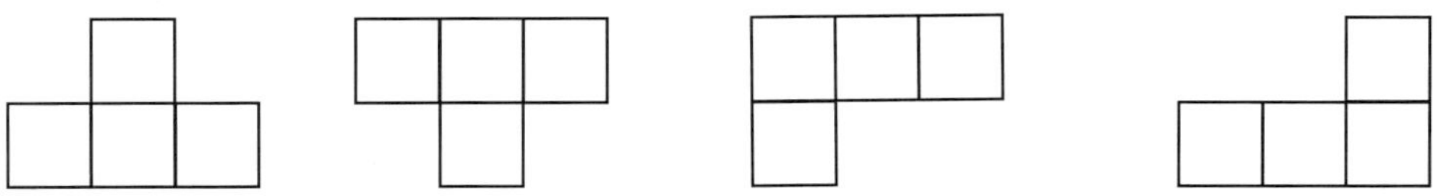

gelten als die gleiche Aufstellform   gelten als die gleiche Aufstellform

Verstehe die Aufgabe

Plane die Lösung

Löse die Aufgabe

Zusatzaufgabe

Angenommen, die Tische wären Rechtecke und ihre Längskante doppelt so lang wie ihre Breitkante.

Wie viele verschiedene Aufstellmöglichkeiten gibt es mit 3 Tischen?

Anmerkung: Wenigstens an einer Seite müssen die Tischecken auf einer geraden Linie liegen.

So: **Oder so:** 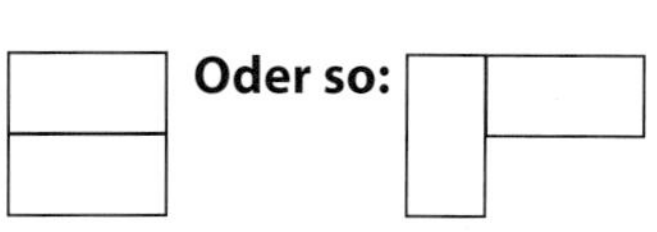 **Nicht so:** 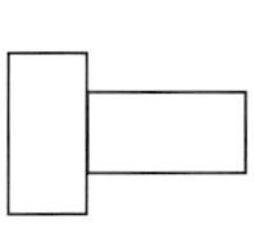

Was kostet der Einkauf? Lehrerblatt 4. Klasse: 14a

Susanne hat 3 Münzen in ihrem Geldbeutel: 10 ct, 5 ct und 1 ct. Damit kauft sie für einen bestimmten Betrag etwas im Geschäft. Sie bezahlt den Betrag passend.

Welche möglichen Preise bezahlt sie?

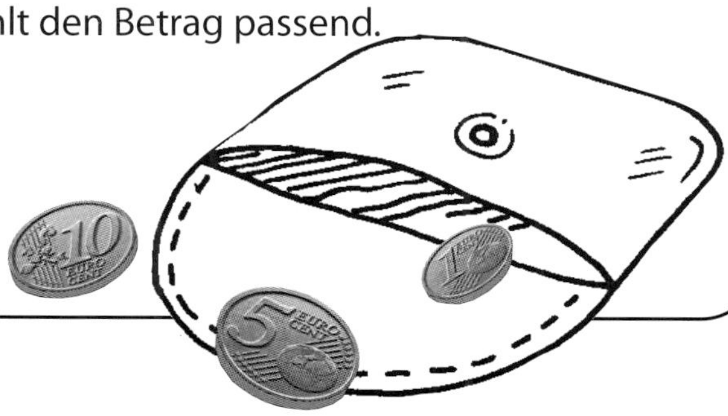

Verstehe die Aufgabe

- **Was macht Susanne in dem Geschäft?** *(Sie gibt einen Teil ihres Geldes aus.)*
- **Wie viel Geld hat Susanne dabei?** *(16 ct)*
- **Welche Münzen hat sie im Geldbeutel?** *(10 ct, 5 ct und 1 ct)*
- **Was bedeutet es, dass sie „den Betrag passend bezahlt"?** *(Sie bekommt kein Wechselgeld heraus.)*
- **Was versuchst du herauszufinden?** *(Welche möglichen Preise sie bezahlt ohne Wechselgeld herauszubekommen.)*

Plane die Lösung

- **Angenommen, Susanne bezahlt mit einer Münze. Welches sind dann die möglichen Preise?** *(10 ct, 5 ct und 1 ct)*
- **Angenommen, sie gibt zwei Münzen aus. Kannst du dazu einen Preis angeben?**
- **Kannst du alle Preise herausfinden, bei denen sie mit 2 Münzen bezahlen kann?** *(s. Lösung)*
- **Kannst du alle möglichen Preise auflisten, die sie bezahlt haben könnte?** *(s. Lösung)*

Löse die Aufgabe

Mache eine geordnete Aufstellung.

Wenn sie 1 Münze braucht:	Wenn sie 2 Münzen braucht:	Wenn sie 3 Münzen braucht:
1 ct	1 ct + 5 ct = 6 ct	1 ct + 5 ct + 10 ct = 16 ct
5 ct	1 ct +10 ct = 11 ct	
10 ct	5 ct + 10 ct = 15 ct	

Sie bezahlt 1 ct, 5 ct, 6 ct, 10 ct, 11 ct, 15 ct oder 16 ct.

Zusatzaufgabe

Angenommen, Susanne bezahlt mit einer Münze und bekommt 2 ct Wechselgeld heraus.

Welche Preise sind dann möglich?

Möglich sind 8 ct (10 ct – 2 ct) oder 3 ct (5 ct – 2 ct).

Was kostet der Einkauf? Arbeitsblatt **4. Klasse: 14a**

Susanne hat 3 Münzen in ihrem Geldbeutel: 10 ct, 5 ct und 1 ct. Damit kauft sie für einen bestimmten Betrag etwas im Geschäft. Sie bezahlt den Betrag passend.

Welche möglichen Preise bezahlt sie?

Verstehe die Aufgabe

Plane die Lösung

Löse die Aufgabe

Zusatzaufgabe

Angenommen, Susanne bezahlt mit einer Münze und bekommt 2 ct Wechselgeld heraus.

Welche Preise sind dann möglich?

Bohnen in Dosen

Lehrerblatt **4. Klasse: 14b**

Eine Dose Bohnen kostet im Supermarkt 15 ct.

Wie viele Dosen bekommst du für 90 ct?

Tipp Stelle die Tabelle fertig.

Anzahl der Dosen	**1**	**2**	**3**					
Preis	**15 ct**	**30 ct**						

Verstehe die Aufgabe

- **Wie viel kostet eine Dose Bohnen?** *(15 ct)*
- **Was versuchen wir herauszufinden?** *(Wie viele Dosen du für 90 ct bekommst.)*

Plane die Lösung

- **Wie viel kosten zwei Dosen Bohnen?** *(30 ct)* **Drei Dosen?** *(45 ct)*
- **Welche Zahlen kommen in der 1. Tabellenzeile nach 1, 2 und 3?** *(4, 5, 6, und 7)*
- **Wie viel mehr als 15 ct sind 30 ct?** *(15 ct)*
- **Wie viel mehr als 30 ct sind 45 ct?** *(15 ct)*
- **Wie viel zählt man zu einem Preis dazu um den nächst höheren Preis zu erhalten?** *(15 ct)*
- **Welcher Preis kommt nach 45 ct in der Tabelle?** *(45 ct + 15 ct = 60 ct)*

Löse die Aufgabe

Stelle die Tabelle fertig/Suche ein Muster.

Anzahl der Dosen	**1**	**2**	**3**	*4*	*5*	*6*	*7*	*8*
Preis	**15 ct**	**30 ct**	*45 ct*	*60 ct*	*75 ct*	*90 ct*	*105 ct*	*120 ct*

Muster *Der Preis erhöht sich pro Dose um 15 ct.*

Für 90 ct bekommst du 6 Dosen.

Zusatzaufgabe

Für den Kauf von 2 Dosen Bohnen erhältst du einen Gutschein vom Supermarkt.

Wie viele Gutscheine erhältst du, wenn du 60 ct für Bohnen in Dosen ausgibst?

Für 60 ct bekommst du 4 Dosen und 2 Gutscheine.

Bohnen in Dosen

Arbeitsblatt **4. Klasse: 14b**

Eine Dose Bohnen kostet im Supermarkt 15 ct.

Wie viele Dosen bekommst du für 90 ct?

Tipp Stelle die Tabelle fertig.

Anzahl der Dosen	1	2	3					
Preis	15 ct	30 ct						

Verstehe die Aufgabe

Plane die Lösung

Löse die Aufgabe

Anzahl der Dosen	1	2	3					
Preis	15 ct	30 ct						

Zusatzaufgabe

Für den Kauf von 2 Dosen Bohnen erhältst du einen Gutschein vom Supermarkt.

Wie viele Gutscheine erhältst du, wenn du 60 ct für Bohnen in Dosen ausgibst?

Briefmarkensammlung Lehrerblatt 4. Klasse: 15a

Sandra und Andi sammeln Briefmarken. An jedem Wochenende vergleichen sie, wie viele Briefmarken jeder hat.

Wer hat nach 8 Wochen die meisten Briefmarken?

Tipp Suche ein Rechenmuster und stelle die Tabelle fertig.

nach Woche	1	2	3	4	5	6	7	8
Andi	2	6	8	12	14			
Sandra	2	3	5	8	12			

Verstehe die Aufgabe

- **Was sammeln Sandra und Andi?** *(Briefmarken)*
- **Wann vergleichen sie immer, wie viele Briefmarken jeder hat?** *(am Wochenende)*
- **Wie viele Briefmarken hat Andi nach der zweiten Woche?** *(6)*
- **Wie viele Briefmarken hat Sandra nach der dritten Woche?** *(5)*
- **Was versuchst du herauszufinden?** *(Wer nach acht Wochen die meisten Briefmarken hat.)*

Plane die Lösung

- **Erkennst du ein Rechenmuster bei der Anzahl von Andis Briefmarken nach jeder Woche? Siehst du auch ein Rechenmuster bei Sandras Briefmarken?**
- **Sammelt Andi jede Woche gleich viele Briefmarken?** *(nein)*
- **Wie viele Briefmarken sammelt er in der zweiten Woche?** *(4)* **In der dritten Woche?** *(2)* **Mache weiter und suche das Rechenmuster.**
- **Sammelt Sandra jede Woche gleich viele Briefmarken?** *(nein)*
- **Wie viele Briefmarken sammelt sie in der zweiten Woche?** *(1)* **In der dritten Woche?** *(2)* *Mache weiter und suche das Rechenmuster.*

Löse die Aufgabe

Stelle die Tabelle fertig/Suche ein Muster.

nach Woche	1	2	3	4	5	6	7	8
Andi	2	6	8	12	14	*18*	*20*	*24*
Sandra	2	3	5	8	12	*17*	*23*	*30*

Muster *Andi sammelt pro Woche abwechselnd 2 und 4 Briefmarken.*
Sandra sammelt jede Woche 1 Briefmarke mehr als in der Vorwoche.

Nach 8 Wochen hat Sandra die meisten Briefmarken; sie hat 6 mehr als Andi.

Zusatzaufgabe

Wenn Sandra und Andi nach der obigen Methode weitersammeln, wie viele Wochen brauchen sie dann um zusammen 77 Briefmarken zu sammeln?

Sie brauchen 10 Wochen um zusammen 77 Briefmarken zu sammeln.

Briefmarkensammlung Arbeitsblatt 4. Klasse: 15a

Sandra und Andi sammeln Briefmarken. An jedem Wochenende vergleichen sie, wie viele Briefmarken jeder hat.

Wer hat nach 8 Wochen die meisten Briefmarken?

Tipp Suche ein Rechenmuster und stelle die Tabelle fertig.

nach Woche	1	2	3	4	5	6	7	8
Andi	2	6	8	12	14			
Sandra	2	3	5	8	12			

Verstehe die Aufgabe

Plane die Lösung

Löse die Aufgabe

nach Woche	1	2	3	4	5	6	7	8
Andi	2	6	8	12	14			
Sandra	2	3	5	8	12			

Zusatzaufgabe

Wenn Sandra und Andi nach der obigen Methode weitersammeln, wie viele Wochen brauchen sie dann um zusammen 77 Briefmarken zu sammeln?

Zahlenschloss

Lehrerblatt **4. Klasse: 15b**

Eva schließt ihren Schulspind mit einem Zahlenschloss ab.
Eines Tages hat sie ihre Geheimzahl vergessen, aber die folgenden Erinnerungshilfen fallen ihr dazu ein:

1. Die Zahl liegt zwischen 270 und 290.
2. Die Summe der 3 Ziffern ist 17.
3. Die Zahl ist gerade.

Wie lautet Evas Geheimzahl?

Verstehe die Aufgabe

- **Womit verschließt Evi ihren Schulspind?** *(mit einem Zahlenschloss)*
- **Was vergisst sie eines Tages?** *(die Geheimzahl)*
- **Welche Erinnerungshilfen fallen ihr dazu ein?** *(Die Zahl liegt zwischen 270 und 290, die Summe ihrer 3 Ziffern ist 17 und die Zahl ist gerade.)*
- **Was versuchst du herauszufinden?** *(die Geheimzahl von Evas Zahlenschloss)*

Plane die Lösung

- **Kannst du alle Zahlen zwischen 270 und 290 auflisten?** *(s. Lösung)*
- **Streiche mit Hilfe der Erinnerungshilfen bestimmte Zahlen weg.**
- **Findest du alle Zahlen in deiner Liste, deren Ziffern als Summe 17 ergeben?** *(s. Lösung)*
- **Welche dieser Zahlen ist gerade?** *(s. Lösung)*

Löse die Aufgabe

Denke logisch.

Schritt 1: Schreibe alle Zahlen angefangen von 271 bis einschließlich 289 auf.
Schritt 2: Ermittle die Zahlen, deren Ziffern die Summe 17 ergibt. *(278 und 287)*
Schritt 3: Streiche die ungerade Zahl weg. *(Streiche 287)*

Evas Geheimzahl lautet 278.

Zusatzaufgabe

Evas Freundin Anissa hat ebenfalls ein Zahlenschloss.

Verwende die folgenden Informationen um Anissas Geheimzahl herauszufinden.

1. Die Zahl liegt zwischen 100 und 1000.
2. Es sind 3 fortlaufende Ziffern.
3. Die Summe der 3 Ziffern ergibt 18.

Die Geheimzahl von Anissas Zahlenschloss lautet 567.

Zahlenschloss

Arbeitsblatt **4. Klasse: 15b**

Eva schließt ihren Schulspind mit einem Zahlenschloss ab.
Eines Tages hat sie ihre Geheimzahl vergessen, aber die folgenden Erinnerungshilfen fallen ihr dazu ein:

1. Die Zahl liegt zwischen 270 und 290.
2. Die Summe der 3 Ziffern ist 17.
3. Die Zahl ist gerade.

Wie lautet Evas Geheimzahl?

Verstehe die Aufgabe

Plane die Lösung

Löse die Aufgabe

Zusatzaufgabe

Evas Freundin Anissa hat ebenfalls ein Zahlenschloss.

Verwende die folgenden Informationen um Anissas Geheimzahl herauszufinden.

1. Die Zahl liegt zwischen 100 und 1000.
2. Es sind 3 fortlaufende Ziffern.
3. Die Summe der 3 Ziffern ergibt 18.

Kleingeld

Lehrerblatt **4. Klasse: 16a**

Tanja hat in ihrer Börse 40 ct. Es sind lauter 5-ct- und 10-ct-Münzen.

Wie viele 5-ct- und 10-ct-Münzen könnten es sein?

Verstehe die Aufgabe

- **Wie viel Geld hat Tanja in ihrer Börse?** *(40 ct)*
- **Welche Münzen hat sie?** *(5-ct- und 10-ct-Münzen)*
- **Hat Tanja lauter 5-ct-Münzen?** *(nein)* **Lauter 10-ct-Münzen?** *(nein)*
- **Was versuchst du herauszufinden?** *(Wie viele 5-ct- und wie viele 10-ct-Münzen Tanja in der Börse haben könnte.)*

Plane die Lösung

- **Könnte Tanja 4 10-ct-Münzen in der Börse haben?** *(nein)* **Warum nicht?** *(Weil sie auch noch 5-ct-Münzen haben muss.)*
- **Könnte Tanja acht 5-ct-Münzen in der Börse haben?** *(nein)* **Warum nicht?** *(Weil sie auch 10-ct-Münzen haben muss.)*
- **Wenn Tanja 3 10-ct-Münzen hat, wie viele 5-ct-Münzen muss sie dann haben?** *(2)*
- **Wenn Tanja 4 5-ct-Münzen hat, wie viele 10-ct-Münzen muss sie dann haben?** *(2)*
- **Könnte es auch sein, dass Tanja nur eine 10-ct-Münze hat?** *(ja)*

Löse die Aufgabe

Versuche und verbessere.

Versuche es mit 2 5-ct- und 2 10-ct-Münzen. 10 ct + 20 ct = 30 ct. *(zu wenig)*
Versuche es mit 2 5-ct- und 3 10-ct-Münzen. 10 ct + 30 ct = 40 ct. *(richtig)*

Tanja könnte 2 5-ct- und 3 10-ct-Münzen in der Geldbörse haben.

Anmerkung: Es gibt 2 andere Lösungen: 4 5-ct- und 2 10-ct-Münzen oder 6 5-ct- und 1 10-ct-Münze.

Zusatzaufgabe

Angenommen, Tanja hat 1 € in 10-ct-, 20-ct- und 50-ct-Münzen in der Geldbörse.
Wie viele der einzelnen Münzen könnte sie dann haben?

2 Lösungen: *1 10-ct-, 2 20-ct- und 1 50-ct-Münze oder 3 10-ct-, 1 20-ct- und 1 50-ct-Münze.*

Kleingeld

Arbeitsblatt **4. Klasse: 16a**

Tanja hat in ihrer Börse 40 ct. Es sind lauter 5-ct- und 10-ct-Münzen.

Wie viele 5-ct- und 10-ct-Münzen könnten es sein?

Verstehe die Aufgabe

Plane die Lösung

Löse die Aufgabe

Zusatzaufgabe

Angenommen, Tanja hat 1 € in 10-ct-, 20-ct- und 50-ct-Münzen in der Geldbörse.

Wie viele der einzelnen Münzen könnte sie dann haben?

Murmeldreieck

Lehrerblatt **4. Klasse: 16b**

Eines Tages beschließt Tom seine Murmelsammlung zu zählen. Beim Zählen ordnet er sie in Dreiecksform an: ganz oben in die erste Reihe legt er eine Murmel hin, in die zweite Reihe kommen 2, in die dritte Reihe 3 Murmeln und so weiter. Als er fertig ist, sind 8 Reihen voll.

Wie viele Murmeln hat Tom?

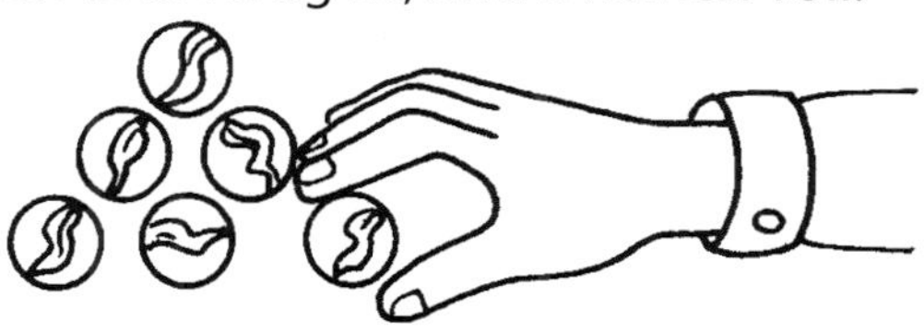

Verstehe die Aufgabe

- **Was macht Tom?** *(Er zählt seine Murmelsammlung.)*
- **Wie ordnet er die Murmeln beim Zählen an?** *(in Dreiecksform)*
- **Wie viele Reihen sind voll, als er fertig ist?** *(8)*
- **Liegen in jeder Reihe gleich viele Murmeln?** *(nein)*
- **Wie viele Murmeln liegen in der ersten Reihe?** *(1)* **In der zweiten Reihe?** *(2)* **Und in der dritten Reihe?** *(3)*
- **Wie viele Murmeln kommen in die vierte Reihe?** *(4)*
- **Was versuchst du herauszufinden?** *(Wie viele Murmeln Tom hat.)*

Plane die Lösung

- **Kannst du die ersten 3 Reihen Murmeln zeichnen?** *(s. Lösung)*
- **Kannst du ein Rechenmuster bei der Anzahl von Murmeln pro Reihe entdecken?** *(In jeder Reihe ist jeweils eine Murmel mehr als in der vorherigen.)*
- **Wie viele Murmeln liegen insgesamt in den ersten 3 Reihen?** *(1 + 2 + 3 = 6)*
- **Wie viele müssen es dann in den ersten 4 Reihen sein?** *(6 + 4 = 10)*

Löse die Aufgabe

Zeichne ein Bild/Suche ein Muster.

O steht für 1 Murmel.

O	1
OO	2
OOO	3
OOOO	4
OOOOO	5
OOOOOO	6
OOOOOOO	7
OOOOOOOO	+ 8
	36

Muster *Die Anzahl der Murmeln erhöht sich pro Reihe um 1.*

Tom hat 36 Murmeln in seiner Sammlung.

Zusatzaufgabe

Dann will Tom alle seine Murmeln in einer quadratischen Form auslegen.

Wie viele Murmeln liegen nun in einer Reihe?

6 Murmeln liegen in einer Reihe.

Murmeldreieck

Arbeitsblatt **4. Klasse: 16b**

Eines Tages beschließt Tom seine Murmelsammlung zu zählen. Beim Zählen ordnet er sie in Dreiecksform an: ganz oben in die erste Reihe legt er eine Murmel hin, in die zweite Reihe kommen 2, in die dritte Reihe 3 Murmeln und so weiter. Als er fertig ist, sind 8 Reihen voll.

Wie viele Murmeln hat Tom?

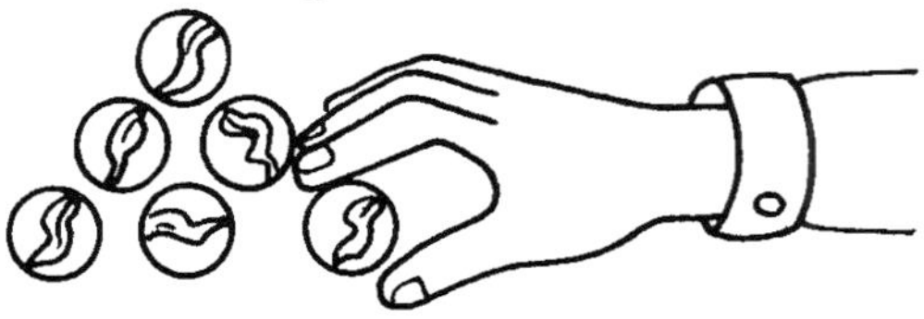

Verstehe die Aufgabe

Plane die Lösung

Löse die Aufgabe

Zusatzaufgabe

Dann will Tom alle seine Murmeln in einer quadratischen Form auslegen.

Wie viele Murmeln liegen nun in einer Reihe?

Getränkeautomat Lehrerblatt 4. Klasse: 17a

Elli hat die folgenden Münzen in ihrer Börse: 1 50-ct-Stück, 2 20-ct-Stücke und 4 10-ct-Stücke. Sie holt sich aus dem Automaten ein Getränk für 50 ct und wirft den Betrag passend ein.

Mit welchen Münzen kann sie bezahlt haben?

Verstehe die Aufgabe

- **Was kauft Elli?** *(ein Getränk vom Automaten)*
- **Wie viel kostet das Getränk?** *(50 ct)*
- **Was bedeutet: „Sie wirft den Betrag passend ein"?** *(Sie wirft genau 50 ct ein.)*
- **Welche Münzen hat Elli in der Börse?** *(1 50-ct-, 2 20-ct- und 4 10-ct-Münzen)*
- **Was versuchst du herauszufinden?** *(Welche Münzen sie eingeworfen haben kann.)*

Plane die Lösung

- **Kann sie das Getränk mit nur einer Münze bezahlt haben?** *(ja, mit dem 50-ct-Stück)*
- **Kann sie das Getränk mit 2 Münzen bezahlt haben?** *(nein)*
- **Kann sie das Getränk mit 2 20-ct-Münzen und noch anderen Münzen bezahlt haben?** *(ja, mit 2 20-ct-Münzen und 1 10-ct-Münze)*
- **Kannst du in einer Aufstellung alle Möglichkeiten für die Bezahlung darstellen?**

Löse die Aufgabe

Mache eine geordnete Aufstellung.

50 ct	20 ct	10 ct	insgesamt
1	0	0	50 ct
0	2	1	50 ct
0	1	3	50 ct

Elli kann entweder mit 1 50-ct-Münze oder 2 20-ct-Münzen und 1 10-ct-Münze oder mit 1 20-ct-Münze und 3 10-ct-Münzen bezahlt haben.

Zusatzaufgabe

Angenommen, du hast 1 50-ct-Stück, 3 20-ct- und 5 10-ct-Stücke.

Wie viele Möglichkeiten hast du damit, 50 ct passend zu bezahlen?

Mache eine geordnete Aufstellung.

Es gibt insgesamt die 4 in der Tabelle gezeigten Möglichkeiten.

50 ct	20 ct	10 ct	insgesamt
1	0	0	50 ct
0	2	1	50 ct
0	1	3	50 ct
0	0	5	50 ct

Getränkeautomat Arbeitsblatt 4. Klasse: 17a

Elli hat die folgenden Münzen in ihrer Börse: 1 50-ct-Stück, 2 20-ct-Stücke und 4 10-ct-Stücke. Sie holt sich aus dem Automaten ein Getränk für 50 ct und wirft den Betrag passend ein.

Mit welchen Münzen kann sie bezahlt haben?

Verstehe die Aufgabe

Plane die Lösung

Löse die Aufgabe

Zusatzaufgabe

Angenommen, du hast 1 50-ct-Stück, 3 20-ct- und 5 10-ct-Stücke.

Wie viele Möglichkeiten hast du damit, 50 ct passend zu bezahlen?
Mache eine geordnete Aufstellung.

50 ct	20 ct	10 ct	insgesamt

Urlaubsgrüße

Lehrerblatt **4. Klasse: 17b**

Mark möchte seinen Freunden aus dem Urlaub Grüße schicken. Am Kiosk kostet eine Postkarte 10 ct und eine Briefkarte 12 ct. Mark gibt für Postkarten und Briefkarten 86 ct aus.

Wie viele Postkarten und wie viele Briefkarten kauft er?

Tipp Stelle die beiden Tabellen fertig.

Anzahl der Postkarten	1	2	3	4	5	6
Preis	10 ct	20 ct	30 ct			

Anzahl der Briefkarten	1	2	3	4	5	6
Preis	12 ct	24 ct	36 ct			

Verstehe die Aufgabe

- **Wie viel kostet eine Postkarte?** *(10 ct)*
- **Wie viel kostet eine Briefkarte?** *(12 ct)*
- **Wie viel Geld gibt Mark für Postkarten und Briefkarten aus?** *(86 ct)*

Plane die Lösung

- **Wie viel kosten 4 Postkarten?** *(40 ct)* **Und 5 Postkarten?** *(50 ct)*
- **Stelle die obere Tabelle nach diesem Muster fertig.**
- **Wie viel kosten 4 Briefkarten?** *(48 ct)* **Und 5 Briefkarten?** *(60 ct)*
- **Stelle die untere Tabelle nach diesem Muster fertig.**
- **Kannst du in der oberen und in der unteren Tabelle zwei Preise finden, die zusammen 86 ct ergeben?** *(50 ct+36 ct)*
- **Wie viel kosten 5 Postkarten?** *(50 ct)* **Und 3 Briefkarten?** (36 ct)

Löse die Aufgabe

Stelle diese beiden Tabellen fertig.

Anzahl der Postkarten	1	2	3	4	5	6
Preis	10 ct	20 ct	30 ct	*40 ct*	*50 ct*	*60 ct*

Anzahl der Briefkarten	1	2	3	4	5	6
Preis	12 ct	24 ct	36 ct	*48 ct*	*60 ct*	*72 ct*

50 ct + 36 ct = 86 ct

Mark kauft 5 Postkarten und 3 Briefkarten.

Zusatzaufgabe

Mark gibt 50 ct für Postkarten und 60 ct für Briefkarten aus.

Wie viele Karten kauft er insgesamt?

Mark kauft insgesamt 10 Karten.

Urlaubsgrüße

Arbeitsblatt 4. Klasse: 17b

Mark möchte seinen Freunden aus dem Urlaub Grüße schicken. Am Kiosk kostet eine Postkarte 10 ct und eine Briefkarte 12 ct. Mark gibt für Postkarten und Briefkarten 86 ct aus.

Wie viele Postkarten und wie viele Briefkarten kauft er?

Tipp Stelle die beiden Tabellen fertig.

Anzahl der Postkarten	1	2	3	4	5	6
Preis	10 ct	20 ct	30 ct			

Anzahl der Briefkarten	1	2	3	4	5	6
Preis	12 ct	24 ct	36 ct			

Verstehe die Aufgabe

Plane die Lösung

Löse die Aufgabe

Anzahl der Postkarten	1	2	3	4	5	6
Preis	10 ct	20 ct	30 ct			

Anzahl der Briefkarten	1	2	3	4	5	6
Preis	12 ct	24 ct	36 ct			

Zusatzaufgabe

Mark gibt 50 ct für Postkarten und 60 ct für Briefkarten aus.

Wie viele Karten kauft er insgesamt?

Sparmünzen

Lehrerblatt **4. Klasse: 18a**

Richards Tante wirft 20-ct-Stücke und 50-ct-Stücke in ein Glas um sie zu sparen.
Jede Woche besucht Richard seine Tante und sie lässt ihn jedes Mal ihre Münzen zählen.
Von Woche zu Woche werden es mehr.

Wie viele Münzen hat Richards Tante nach 8 Wochen insgesamt gespart?

Woche	1	2	3	4	5	6	7	8
50-ct-Stücke	4	7	10	13				
20-ct-Stücke	1	3	5	7				

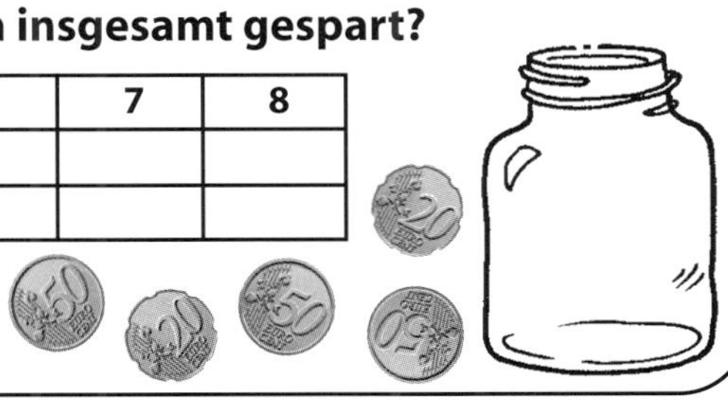

Verstehe die Aufgabe

- **Was spart Richards Tante?** *(20-ct- und 50-ct-Stücke)*
- **Hat sie immer die gleiche Anzahl von Münzen, wenn er sie besucht?** *(Nein, es werden immer mehr Münzen.)*
- **Wie viele 50-ct-Stücke sind es in der zweiten Woche?** *(7)*
- **Wie viele 20-ct-Stücke sind es in der vierten Woche?** *(7)*

Plane die Lösung

- **Erkennst du bei der Anzahl der 50-ct-Münzen ein Rechenmuster?**
- **Entdeckst du bei der Anzahl der 20-ct-Münzen ein Rechenmuster?**
- **Wie viele 50-ct-Stücke mehr hat Richards Tante jeweils nach einer Woche?** *(3)*
- **Kannst du die Tabellenzeile für die 50-ct-Stücke fertig ausfüllen?**
- **Wie viele 20-ct-Stücke mehr hat Richards Tante jeweils nach einer Woche?** *(2)*
- **Kannst du die Tabellenzeile für die 20-ct-Stücke fertig ausfüllen?**

Löse die Aufgabe

Suche ein Muster/Stelle die Tabelle fertig.

Woche	1	2	3	4	5	6	7	8
50-ct-Stücke	4	7	10	13	*16*	*19*	*22*	*25*
20-ct-Stücke	1	3	5	7	*9*	*11*	*13*	*15*

Muster *Die Anzahl der 50-ct-Münzen wächst wöchentlich um 3, die Anzahl der 20-ct-Münzen um 2.*

Nach 8 Wochen hat Richards Tante insgesamt 40 Münzen gespart.

Zusatzaufgabe

Bei einem Besuch zählt Richard insgesamt 50 Münzen.

Wie viele 50-ct- und wie viele 20-ct-Stücke sind es?

Es sind in der 10. Woche 31 50-ct- und 19 20-ct-Stücke.

Sparmünzen

Arbeitsblatt **4. Klasse: 18a**

Richards Tante wirft 20-ct-Stücke und 50-ct-Stücke in ein Glas um sie zu sparen.
Jede Woche besucht Richard seine Tante und sie lässt ihn jedes Mal ihre Münzen zählen.
Von Woche zu Woche werden es mehr.

Wie viele Münzen hat Richards Tante nach 8 Wochen insgesamt gespart?

Woche	1	2	3	4	5	6	7	8
50-ct-Stücke	4	7	10	13				
20-ct-Stücke	1	3	5	7				

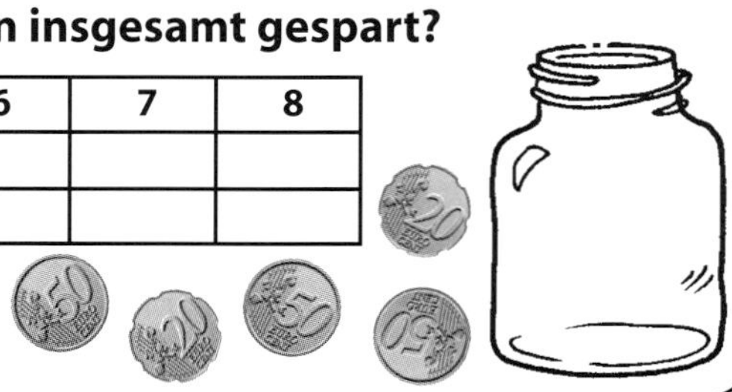

Verstehe die Aufgabe

Plane die Lösung

Löse die Aufgabe

Woche	1	2	3	4	5	6	7	8
50-ct-Stücke	4	7	10	13				
20-ct-Stücke	1	3	5	7				

Zusatzaufgabe

Bei einem Besuch zählt Richard insgesamt 50 Münzen.
Wie viele 50-ct- und wie viele 20-ct-Stücke sind es?

Vereinssport

Lehrerblatt **4. Klasse: 18b**

Karl treibt ziemlich viel Sport. Jeden Montag, Dienstag und Mittwoch trainiert er bei seinem Verein eine andere Sportart. Mittwochs schwimmt er. Bisher spielte er montags immer Fußball, aber Fußball findet jetzt an einem anderen Tag statt. Judo ist Karls Lieblingssport.

An welchem Wochentag trainiert er welche Sportart?

Tipp Fülle den Stundenplan aus um einen Überblick zu bekommen.

	Montag	Dienstag	Mittwoch
Schwimmen			
Fußball			
Judo			

Verstehe die Aufgabe

- **An wie vielen Tagen der Woche trainiert Karl beim Verein?** *(3)*
- **Wie viele Sportarten betreibt er?** *(3)*
- **Trainiert er in einer Sportart mehr als einen Tag in der Woche?** *(nein)*
- **Was versuchst du herauszufinden?** *(An welchem Wochentag er welche Sportart trainiert.)*

Plane die Lösung

- **Wann schwimmt Karl?** *(mittwochs)*
- **Treibt er mittwochs noch eine andere Sportart?** *(nein)*
- **Schreibe also in die Zeile „Schwimmen" in der Spalte für Mittwoch JA und in den beiden anderen Spalten NEIN.**
- **Schreibe außerdem in der Spalte „Mittwoch" in die Zeilen „Fußball" und „Judo" NEIN.**
- **Spielt Karl am Montag Fußball?** *(Bisher ja, aber Fußball findet jetzt an einem anderen Tag statt.)*
- **Wann spielt er also Fußball?** *(dienstags)*

Löse die Aufgabe

Denke logisch.

	Montag	Dienstag	Mittwoch
Schwimmen	*NEIN*	*NEIN*	*JA*
Fußball	*NEIN*	*JA*	*NEIN*
Judo	*JA*	*NEIN*	*NEIN*

Karl trainiert am Montag Judo, am Dienstag Fußball und am Mittwoch Schwimmen.

Zusatzaufgabe

Herr Hecht, Herr Barsch und Herr Zander sind die Vereinstrainer für Schwimmen, Fußball und Judo. Herr Barsch ist der Schwimmtrainer. Herr Hecht hat als Schüler Fußball gespielt, kennt aber nicht mehr alle Regeln.

Wer ist der Trainer für welche Sportart?

Herr Hecht – Judo; Herr Barsch – Schwimmen; Herr Zander – Fußball.

Vereinssport

Arbeitsblatt 4. Klasse: 18b

Karl treibt ziemlich viel Sport. Jeden Montag, Dienstag und Mittwoch trainiert er bei seinem Verein eine andere Sportart. Mittwochs schwimmt er. Bisher spielte er montags immer Fußball, aber Fußball findet jetzt an einem anderen Tag statt. Judo ist Karls Lieblingssport.

An welchem Wochentag trainiert er welche Sportart?

Tipp Fülle den Stundenplan aus um einen Überblick zu bekommen.

	Montag	Dienstag	Mittwoch
Schwimmen			
Fußball			
Judo			

Verstehe die Aufgabe

Plane die Lösung

Löse die Aufgabe

	Montag	Dienstag	Mittwoch
Schwimmen			
Fußball			
Judo			

Zusatzaufgabe

Herr Hecht, Herr Barsch und Herr Zander sind die Vereinstrainer für Schwimmen, Fußball und Judo. Herr Barsch ist der Schwimmtrainer. Herr Hecht hat als Schüler Fußball gespielt, kennt aber nicht mehr alle Regeln.

Wer ist der Trainer für welche Sportart?